吉林省矿产资源潜力评价系列成果，
是所有在白山松水间
辛勤耕耘的几代地质工作者
集体智慧的结晶。

中国地质调查成果 CGS 2021-076
吉林省矿产资源潜力评价系列丛书

吉林省萤石矿矿产资源潜力评价

JILIN SHENG YINGSHIKUANG KUANGCHAN ZIYUAN QIANLI PINGJIA

松权衡　薛昊日　李德洪　于　城　等编著

中国地质大学出版社
ZHONGGUO DIZHI DAXUE CHUBANSHE

图书在版编目(CIP)数据

吉林省萤石矿矿产资源潜力评价/松权衡等编著. —武汉:中国地质大学出版社,2022.3
ISBN 978-7-5625-4981-9
(吉林省矿产资源潜力评价系列丛书)
Ⅰ.①吉…
Ⅱ.①松…
Ⅲ.①萤石矿床-资源潜力-资源评价-吉林
Ⅳ.①P618.210.1

中国版本图书馆 CIP 数据核字(2021)第 253885 号

吉林省萤石矿矿产资源潜力评价	松权衡　薛昊日　李德洪　于　城　等编著
责任编辑:韦有福　　选题策划:毕克成　段　勇　张　旭	责任校对:张咏梅

出版发行:中国地质大学出版社(武汉市洪山区鲁磨路388号)　　　　　　邮编:430074
电　　话:(027)67883511　　传　　真:(027)67883580　　E-mail:cbb@cug.edu.cn
经　　销:全国新华书店　　　　　　　　　　　　　　　　　　　　http://cugp.cug.edu.cn
开本:880 毫米×1230 毫米　1/16　　　　　　　　　　　　字数:186 千字　　印张:6.25
版次:2022 年 3 月第 1 版　　　　　　　　　　　　　　　　　印次:2022 年 3 月第 1 次印刷
印刷:武汉中远印务有限公司

ISBN 978-7-5625-4981-9　　　　　　　　　　　　　　　　　　　　　　　　定价:128.00 元

　　如有印装质量问题请与印刷厂联系调换

吉林省矿产资源潜力评价系列丛书编委会

主　　任：林绍宇
副主任：李国栋
主　　编：松权衡
委　　员：赵　志　赵　明　松权衡　邵建波　王永胜
　　　　　于　城　周晓东　吴克平　刘颖鑫　闫喜海

《吉林省萤石矿矿产资源潜力评价》

编著者：松权衡　薛昊日　李德洪　于　城　庄毓敏
　　　　杨复顶　王　信　张廷秀　李任时　王立民
　　　　徐　曼　张　敏　苑德生　袁　平　张红红
　　　　王晓志　曲洪晔　宋小磊　任　光　马　晶
　　　　崔德荣　刘　爱　王鹤霖　岳宗元　付　涛
　　　　闫　冬　李　楠　李　斌

前　言

"吉林省矿产资源潜力评价"为国土资源部（现为自然资源部）中国地质调查局部署实施的"全国矿产资源潜力评价"省级工作项目，主要目标是在现有地质工作程度的基础上，充分利用吉林省基础地质调查、矿产勘查工作的成果和资料，应用现代矿产资源评价理论方法和GIS评价技术，开展全省重要矿产资源潜力评价，基本摸清吉林省矿产资源潜力及其空间分布。另外，该项目开展了对吉林省成矿地质背景、成矿规律、重力、磁测、化探、遥感、自然重砂等工作的研究，编制了各项工作的基础图件和成果图件，建立了与全省重要矿产资源潜力评价相关的重力、磁测、化探、遥感、自然重砂的空间数据库。

《吉林省萤石矿矿产资源潜力评价》是"吉林省矿产资源潜力评价"项目的工作内容之一，提交了《吉林省萤石矿矿产资源潜力评价》成果报告及相应图件，系统地总结了吉林省萤石矿的勘查研究历史、存在的问题及资源分布特征，划分了矿床成因类型，研究了成矿地质条件及控矿因素。本书以永吉金家屯萤石矿床、九台牛头山萤石矿床和磐石南梨树萤石矿床作为典型矿床的研究对象，从吉林省大地构造演化与萤石矿时空的关系、区域控矿因素、区域成矿特征、矿床成矿系列、区域成矿规律，以及重力、磁测、化探、遥感、自然重砂信息特征等方面总结了预测工作区及全省萤石矿成矿规律，预测了吉林省萤石矿的资源量，评价了重要找矿远景区的地质特征与资源潜力。

在萤石矿矿产资源潜力评价过程中以及在本书编写过程中，编著者收到省内外很多专家提出的宝贵意见，并且书中参考和引用了大量前人的勘查资料和研究成果，本书应是本地区地质工作者集体劳动、智慧的总结，在此，对做出贡献的地质勘查工作者、科研工作者以及提出宝贵意见的专家表示诚挚的感谢！

编著者

2021 年 12 月

目 录

第一章　概　述	(1)
第二章　以往工作程度	(3)
第一节　基础地质工作程度	(3)
第二节　重力、磁测、化探、遥感、自然重砂调查及研究	(5)
第三节　矿产勘查及成矿规律研究	(8)
第四节　地质基础数据库现状	(10)
第三章　区域地质概况	(12)
第一节　成矿地质背景	(12)
第二节　区域矿产特征	(15)
第三节　区域地球物理、地球化学、遥感、自然重砂特征	(19)
第四章　预测评价技术思路和工作要求	(24)
第五章　成矿地质背景研究	(26)
第一节　实施步骤	(26)
第二节　建造构造特征	(26)
第三节　大地构造特征	(28)
第六章　典型矿床与区域成矿规律研究	(30)
第一节　技术流程	(30)
第二节　典型矿床地质特征	(30)
第三节　预测工作区成矿规律研究	(46)
第七章　重力、磁测、化探、遥感、自然重砂应用	(51)
第一节　重　力	(51)
第二节　磁　测	(53)
第三节　化　探	(55)
第四节　遥　感	(56)
第五节　自然重砂	(58)

第八章 矿产预测 …………………………………………………………………………（59）

第一节 矿产预测方法类型及预测模型区选择 ………………………………………（59）

第二节 矿产预测模型与预测要素图编制 ……………………………………………（60）

第三节 预测区圈定 ……………………………………………………………………（74）

第四节 预测要素变量的构置与选择 …………………………………………………（74）

第五节 预测区优选 ……………………………………………………………………（76）

第六节 资源量定量估算 ………………………………………………………………（77）

第七节 预测区地质评价 ………………………………………………………………（80）

第九章 萤石矿成矿规律总结 ………………………………………………………………（82）

第一节 萤石矿成矿规律 ………………………………………………………………（82）

第二节 成矿区（带）划分 ………………………………………………………………（87）

第三节 区域萤石矿成矿规律图编制 …………………………………………………（88）

第十章 结 论 …………………………………………………………………………………（89）

主要参考文献 ………………………………………………………………………………………（90）

第一章 概 述

"吉林省萤石矿矿产资源潜力评价"是吉林省矿产资源潜力评价的重要矿种潜力评价项目之一,其目的是在现有地质工作程度的基础上,充分利用吉林省基础地质调查、矿产勘查工作的成果和资料,应用现代矿产资源预测评价的理论方法和GIS评价技术。一是开展全省萤石矿资源潜力评价,基本摸清萤石矿资源潜力及其空间分布;二是开展对吉林省与萤石矿有关的成矿地质背景、成矿规律、化探、遥感、自然重砂、矿产预测等工作的研究,编制各项工作的基础图件和成果图件,建立与全省萤石矿资源潜力评价相关的重力、磁测、化探、遥感、自然重砂空间数据库;三是培养一批综合型地质矿产人才。

完成的主要任务是对吉林省已有的区域地质调查和专题研究等资料,包括沉积岩、火山岩、侵入岩、变质岩、大型变形构造等各个方面,按照大陆动力地学理论和大地构造相工作方法,依据技术要求的内容、方法和程序进行了系统的整理归纳。以1:25万实际材料图为基础,编制吉林省沉积(盆地)建造构造图、火山岩相构造图、侵入岩浆构造图、变质建造构造图以及大型变形构造图,从而完成吉林省1:50万大地构造相图的编制工作;在初步分析成矿大地构造环境的基础上,按照萤石矿矿产预测类型的控制因素及其分布,分析成矿地质构造条件,为萤石矿矿产资源潜力评价提供成矿地质背景和地质构造预测要素信息,为"吉林省萤石矿矿产资源潜力评价"项目提供区域性基础地质资料,完成"吉林省萤石矿成矿地质背景"课题研究工作。

开展萤石矿典型矿床研究,提取典型矿床的成矿要素,建立典型矿床的成矿模式;研究典型矿床区域内重力、磁测、化探、遥感、自然重砂等综合成矿信息,提取典型矿床的预测要素,建立典型矿床的预测模型;在典型矿床研究的基础上,结合重力、磁测、化探、遥感和自然重砂等综合成矿信息确定萤石矿的区域成矿要素和预测要素,建立区域成矿模式和预测模型。深入开展全省范围内的萤石矿区域成矿规律研究,建立萤石矿成矿谱系,编制萤石矿成矿规律图;按照全国统一划分的成矿区(带),充分利用重力、磁测、化探、遥感、自然重砂等综合成矿信息,圈定成矿远景区和找矿靶区,逐个评价Ⅴ级成矿远景区资源潜力,并进行分类排序。以地表至2000m以浅为主要预测评价深度范围,进行萤石矿资源量估算。汇总全省萤石矿预测总量,编制萤石矿预测图、勘查工作部署建议图、未来开发基地预测图。

以成矿地质理论为指导,以吉林省矿区及区域成矿地质构造环境和成矿规律研究为基础,以重力、磁测、化探、遥感、自然重砂先进的找矿方法为科学依据,为建立矿床成矿模式、区域成矿模式及区域成矿谱系研究提供信息,也为圈定成矿远景区和找矿靶区、评价成矿远景区资源潜力、编制成矿区(带)成矿规律与预测图提供可靠的成果。

对1:50万地质图数据库,1:20万数字地质图空间数据库、全省矿产地数据库,1:20万区域重力数据库、航磁数据库,1:20万化探数据库、自然重砂数据库、全省工作程度数据库、典型矿床数据库进行全面、系统的维护,为吉林省重要矿产资源潜力评价提供基础信息数据,用GIS技术服务于矿产资源潜力评价工作的全过程(解释、预测、评价和最终成果的表达)。资源潜力评价过程中针对各专题进行信息集成工作,建立吉林省重要矿产资源潜力评价信息数据库,同时不断完善与萤石矿矿产资源潜力评价相关的重力、磁测、化探、遥感、自然重砂数据库,实现省级资源潜力预测评价综合信息集成空间数据库,为今后开展矿产勘查的规划部署奠定了扎实的基础。

取得的主要成果：

（1）萤石矿矿产资源潜力评价是一项预测性质的工作，吉林省应用1∶50万区域地质调查资料属于中比例尺矿产预测阶段，工作重点是以预测萤石矿，圈定Ⅲ（矿带）、Ⅳ（矿田）级远景区为主线，配合重力、磁测、化探、遥感、自然重砂等综合信息对萤石矿资源潜力进行找矿评价。

（2）在资料应用方面，系统地收集了吉林省内重力、磁测、化探、遥感、自然重砂的大比例尺资料，完成了对萤石矿典型矿床的研究，为深入开展萤石矿矿产基础地质构造研究和矿产资源潜力评价建立了雄厚的基础。

（3）在成矿规律研究方面，从成矿控制因素和控矿条件分析入手，划分了吉林省萤石矿矿床成因类型，遴选典型矿床，建立了综合找矿模型，为资源潜力评价建立各预测类型的准则奠定了基础。

（4）较详细地研究了吉林省内含矿地层成矿岩体，控矿构造与化探、遥感、自然重砂的关系，建立了各成矿要素的预测模型，为划分成矿远景区（带）提供了依据。

（5）以含矿建造和矿床成因系列理论为指导，以综合信息为依据，划分了吉林省内Ⅲ～Ⅳ成矿远景预测区，并按矿种划分了Ⅲ级成矿预测远景区（带）的类型，圈定萤石矿成矿预测区3个。这些预测远景区（带）为全省矿产资源潜力远景评价提供了不可缺少的找矿依据。

（6）本次采用地质体积法进行吉林省萤石矿资源量预测，是矿产潜力评价主要成果。依据《全国重要矿产总量预测技术要求》（2007年版）、《重要化工矿产资源潜力评价技术要求》及《预测资源量估算技术要求》（2010年补充版），使用较先进的MRAS软件进行数据处理和空间分析，在3个预测工作区中，利用典型矿床建立3个矿产预测模型，优选了3个最小预测区进行定量估算，为今后吉林省萤石矿找矿工作收集了宝贵的基础资料，也为圈定找矿靶区、扩大萤石找矿远景指明了方向。

（7）提交了萤石矿矿产潜力评价成果报告及相关图件。

第二章 以往工作程度

第一节 基础地质工作程度

全省完成 1:25 万区域地质调查约 $13.5\times10^4 km^2$；1:20 万区域地质调查约 $13\times10^4 km^2$；1:50 万区域地质调查约 $6.5\times10^4 km^2$，见图 2-1-1~图 2-1-3。

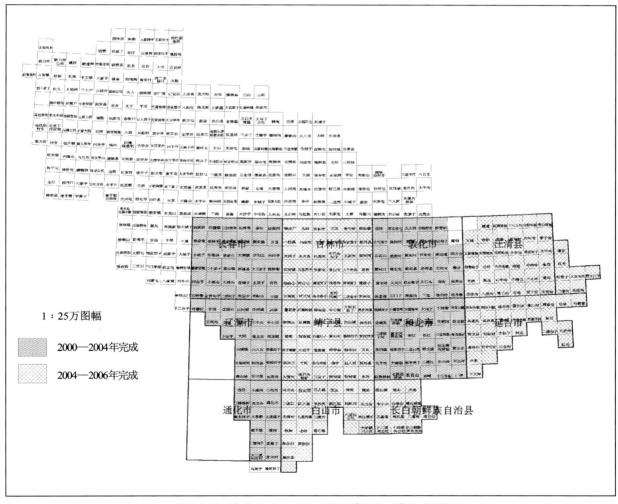

图 2-1-1 吉林省 1:25 万区域地质调查工作程度图

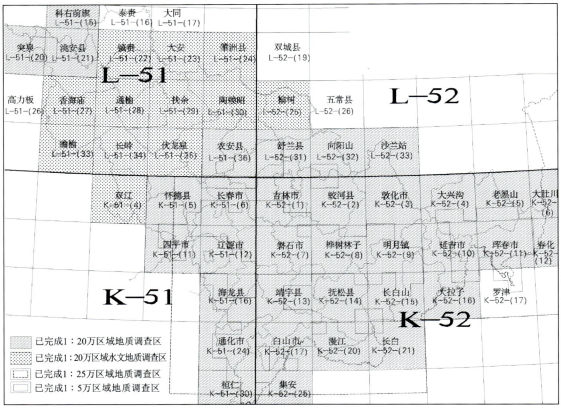

图 2-1-2　吉林省 1∶20 万区域地质调查工作程度图

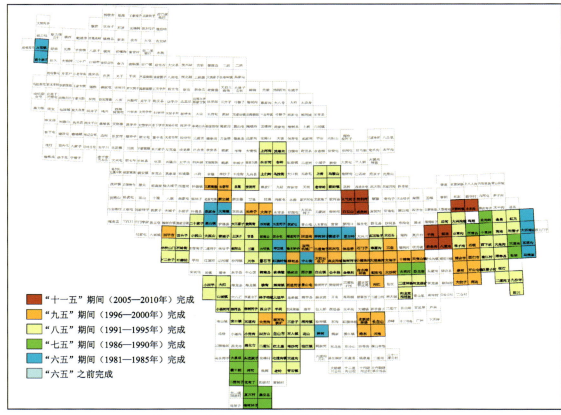

图 2-1-3　吉林省 1∶50 万区域地质调查工作程度图

第二节 重力、磁测、化探、遥感、自然重砂调查及研究

一、重力

全省完成1:20万重力调查约$12\times10^4 km^2$,见图2-2-1。

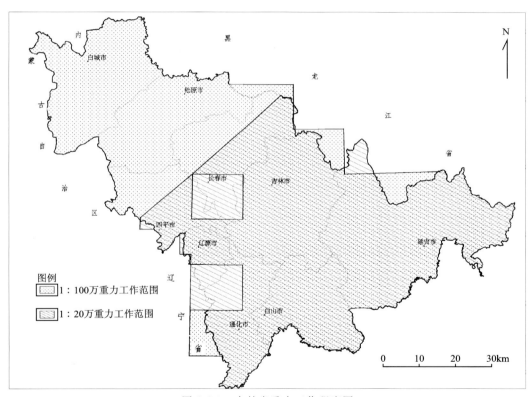

图2-2-1 吉林省重力工作程度图

二、航磁

全省完成1:20万航磁测量约$18.74\times10^4 km^2$,1:50万航磁测量约$9.749\times10^4 km^2$,见图2-2-2。

图 2-2-2　吉林省航磁工作程度图

三、化探

全省完成 1：20 万区域化探工作约 $12.3\times10^4\,\mathrm{km}^2$，1：50 万化探工作约 $3\times10^4\,\mathrm{km}^2$，见图 2-2-3。

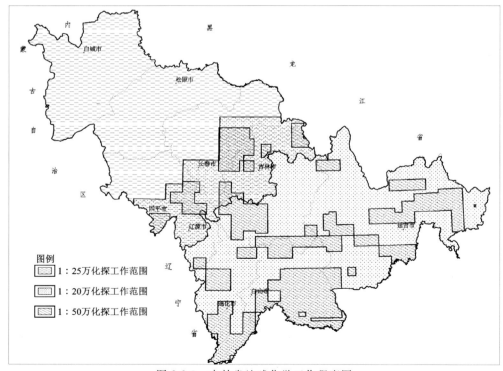

图 2-2-3　吉林省地球化学工作程度图

四、遥感

目前，吉林省遥感调查工作主要有"应用遥感技术对吉林省南部金-多金属成矿规律的初步研究""吉林省东部山区贵金属及有色金属矿产预测"项目中的遥感图像地质解译，"吉林省 ETM 遥感图像制作"，以及 2005 年由吉林省地质调查院完成的"吉林省 1：25 万 ETM 遥感图像制作"，见图 2-2-4。

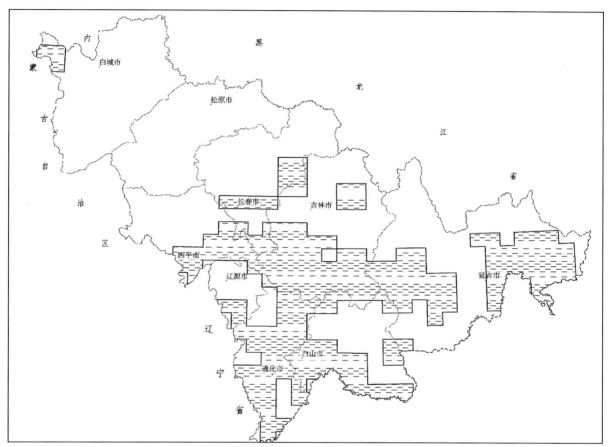

图 2-2-4　吉林省遥感工作程度图

五、自然重砂

1：20 万自然重砂测量工作覆盖了吉林省东部山区，1：5 万自然重砂测量工作完成了 8 处，见图 2-2-5。

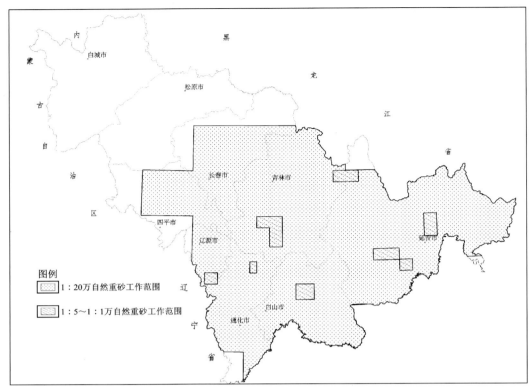

图 2-2-5　吉林省自然重砂工作程度图

第三节　矿产勘查及成矿规律研究

一、矿产勘查

吉林省萤石矿有中型矿床 1 处，小型矿床 6 处，已探明储量产地 7 处，其中伊通青堆子矿床现已采空。

青堆子萤石矿从 1938 年开始，经过多次地质勘查工作，最终没有结果。1956—1961 年通化地质大队、四平地质队先后多次对该区进行普查与勘查工作。萤石矿赋存于石英斑岩破碎带中，矿床成因类型为火山热液型，54 个样品平均品位为 58.56%，从矿石露头向北或矿脉掘进 36m 深，当时评价意见是价值不大，储量不多，停止开采。

牛头山萤石矿床于 1957 年冬在当地修建水库时被发现；1958 年九台工业地质队（原长春地质学院师生组成）工作时评价认为矿床质量尚好，但矿体向下变薄；1959 年对该矿床作了详查；1960—1961 年，九台工业地质队对牛头山萤石矿进行初步勘探，对矿区地质有了进一步认识，认为受大断层运动产生的次一级南北向断裂既为容矿构造，亦为控矿构造，燕山期四楞山花岗霏细岩为控矿岩体。下白垩统营城子组提供成矿物质，为控矿、赋矿地层，流纹岩、花岗质碎屑岩为主要围岩。牛头山萤石矿床由其塔木公社小规模开采。

1957年8月,第二机械工业部在南梨树东区进行铀矿普查时发现萤石矿。1963年吉林省第三地质队对该矿点进行普查,1984年,通过Ⅰ号矿体槽探,圈定萤石矿体,估算资源储量$6.8×10^4$t。

1986年,吉林省地质调查一所对南梨树萤石矿外围进行普查,发现Ⅱ、Ⅲ号矿带,累计查明19条矿体,估算矿石量$11×10^4$t,氟化钙储量$69×10^4$t。

1986年,吉林省地质调查一所进行陶瓷资源调查时,在永吉—拉溪金家屯东山发现萤石矿石,1987年勘查时发现工业矿体。

1970—1986年,吉林省区域地质队针对金家屯萤石矿提交了《区域吉林市1:20万区测报告》,提供了较详细的区域地质资料。

1988年,吉林省地质调查五所提交了《吉林市幅1:20万区域化探扫面报告》。

1988—1991年,吉林省地质调查一所对金家屯萤石矿点进行普查工作,查明矿床产于一拉溪组上段泥质板岩夹灰岩岩层之中,矿体产于层间破碎带,预测资源储量$26.76×10^4$t(氟化钙),规模为中型矿床。

1988—1993年,永吉金家屯萤石矿从1988年5月开始开采,采用地表和坑道开采相结合的方式,截至1993年底已开采$3×10^4$t。

2000—2007年,中国地质调查局自成立以来,在全国组织、实施国土资源部关于国土资源地质大调查计划,吉林省根据地质大调查的精神,在重要的成矿区(带)加强研究和开展前期地质工作,在小绥河成矿区、开山屯成矿区、头道沟成矿区萤石矿集区继续开展了深入调查,希望能发现一批具有较好找矿线索的矿点及矿化点。

二、成矿规律研究

吉林省萤石矿可以分为两种类型,分别为热液充填交代型和火山热液型,具体如下。

1.热液充填交代型

永吉县金家屯中型萤石矿、磐石市明城南梨树小型萤石矿均属热液充填交代型矿床。此类型矿点数量较多,已知有9处矿点,如双阳一面山、双阳刘家屯、桦甸榆木桥南山、蛟河太阳屯、敦化二合店、和龙杨树沟、梨树山咀、磐石石棚屯等矿点,因研究程度低,资料很少。总的特点是:成矿与燕山期花岗岩关系密切,矿体赋存于花岗岩内及其附近围岩中,围岩有一拉溪组上段泥质板岩夹灰岩,鹿圈屯组凝灰岩、泥质灰岩、硅质岩,磨盘山组石灰岩,石嘴子组石灰岩,大河深组流纹岩,范家屯组凝灰岩及杨家沟组板岩。围岩蚀变有绢云母化、硅化、碳酸盐化、高岭土化等,属低温热液蚀变。本类型矿点和矿化点无工业价值,其中磐石石棚屯、双阳一面山、敦化二合店3处矿点较其他矿点略好。本类型典型矿床为永吉县金家屯萤石矿矿床、磐石南梨树萤石矿矿床。

2.火山热液型

本类型萤石矿主要有九台牛头山小型萤石矿和九台打顶子矿化点。九台牛头山萤石矿赋存于次火山岩及附近围岩中,含矿气水热液来自次火山岩石英斑岩中。该矿床曾被社镇企业开采过,但现今已停采,未被利用。本类型典型矿床为九台牛头山萤石矿矿床。

第四节 地质基础数据库现状

一、1∶50万数字地质图空间数据库

1∶50万地质图库是吉林省地质调查院于1999年12月完成的，该图是在原《吉林省1∶50万地质图》和《吉林省区域地质志》附图的基础上，补充了少量1∶20万和1∶5万地质图资料及相关研究成果，结合现代地质学、地层学、岩石学等新理论新方法，地层按岩石地层单位、侵入岩按时代加岩性和花岗岩类谱系单位编制，适合用于小比例尺的地质底图，目前没有对该图库进行更新维护。

二、1∶20万数字地质图空间数据库

1∶20万地质图空间数据库，共有33个标准图幅和非标准图幅，由吉林省地质调查院完成，经中国地质调查局地调发展研究中心整理汇总后返交吉林省。该库图层齐全，属性完整，建库规范，单幅质量较好。总体上因填图过程中认识不同，各图幅接边问题严重，按本次工作要求进行了更新维护。

三、吉林省矿产地数据库

吉林省矿产地数据库于2002年建成。该库采用DBF和ACCESS两种格式保存数据，矿产地数据库更新至2004年，按本次工作要求进行了更新维护。

四、物探数据库

1.重力

吉林省完成了东部山区1∶20万重力调查区26个图幅的建库工作，入库有效数据包含23 620个物理点。采用DBF格式，且数据齐全。

重力数据库只更新到2005年，主要是对数据库管理软件进行更新，数据内容与原数据库保持一致。

2.航磁

吉林省航磁数据共由21个测区组成，总物理点数631万个，比例尺分为1∶5万、1∶20万、1∶50万，在省内主要成矿区（带）多数由1∶5万数据覆盖。

存在问题：测区间数据没有调平处理，且没有飞行高度信息，数据采集方式有早期模拟的和后期数字的。精度从几十纳特到几纳特，若要有效地使用航磁资料，必须解决不同测区间数据调平问题。本次工作采用中国国土资源航空物探遥感中心提供的航磁剖面和航磁网格数据。

五、遥感影像数据库

吉林省遥感解译工作始于20世纪90年代初期,由于受当时工作条件和计算机技术发展的限制,缺少相关应用软件和技术标准,没能对解译成果进行相应的数据库建设。在此次资源总量预测期间,应用中国国土资源航空物探遥感中心提供的遥感数据,建立吉林省遥感数据库。

六、区域地球化学数据库

吉林省化探数据以1:20万水系测量数据为主,并建立数据库,共有入库元素39个,原始数据点以$4km^2$内原始采集样点的样品做一个组合样。此库建成后,吉林省没有开展同比例尺的地球化学填图工作,因此没有做数据更新工作。由于入库数据采用组合样分析结果,因此入库数据不包含原始点位信息,这给通过划分汇水盆地确定异常和更有效地利用原始数据带来一定困难。

七、1:20万自然重砂数据库

自然重砂数据库的建设与1:20万地质图库建设基本保持同步。入库数据35个图幅,采样47 312点,涉及矿物473个,入库数据内容齐全,并有相应空间数据采样点位图层。数据采用ACCESS格式,目前没有对其进行更新维护。

八、工作程度数据库

吉林省地质工作程度数据库由吉林省地质调查院2004年完成,内容全面,涉及地质、物探、化探、矿产、勘查、水文、自然重砂等内容。库中基本反映了自中华人民共和国成立后吉林省的地质调查、矿产勘查工作程度。采集的资料截至2002年,按本次工作要求进行了更新维护。

第三章 区域地质概况

第一节 成矿地质背景

一、地层

吉林省与热液充填交代型萤石矿有关的地层主要为：下志留统—下泥盆统西别河组砂岩、粉砂岩夹灰岩；下石炭统磨盘山组灰岩、大理岩化灰岩；中二叠统范家屯组细砂岩、粉砂岩、凝灰质砂岩。

二、火山岩

吉林省与火山热液型萤石矿关系密切的主要有下白垩统营城组安山岩、流纹岩、泥质粉砂岩。

三、侵入岩

吉林省与萤石矿的成矿作用有关的侵入岩主要为早侏罗世正长花岗岩，中—晚侏罗世花岗闪长岩、二长花岗岩、石英闪长岩等。

四、大型变形构造

吉林省自太古宙以来，经历了多次地壳运动，在各地质历史阶段都形成了一套相应的断裂系统，包括地体拼贴带、走滑断裂、大断裂、推覆-滑脱构造-韧性剪切带等。

1. 辉发河-古洞河地体拼贴带

该拼贴带横贯吉林省东南部东丰至和龙一带，两端分别进入我国辽宁省和朝鲜民主主义人民共和国，规模巨大，它是海西晚期辽吉台块与吉林-延边古生代增生褶皱带的拼贴带。从西向东可分3段，即和平-山城镇段、柳树河子-大蒲柴河段、古洞河-白铜段。该拼贴带两侧的岩石强烈片理化，形成剪切带，航磁异常和卫片影像反映都很明显，显示平行、密集的线性构造特征。两侧具有地质发展历史截然不同的两个大地构造单元，反映出不同的地球物理场、不同的地球化学场。北侧是吉林-延边古生代增生褶皱带，为以海相火山-碎屑岩及陆源碎屑岩、碳酸盐岩为主的火山沉积岩系。南侧前寒武系广泛分布，基底为太古宙、古元古宙的中深变质岩系，盖层为新元古代—古生代的稳定浅海相沉积岩系。以上地质现象反映出两侧具有完全不同的地壳演化历史。

2.伊舒断裂带

伊舒断裂带是一条地体拼贴带，即在早志留世末，华北板块与吉林古生代增生褶皱带相拼接。它位于吉林省二龙山水库—伊通—双阳—舒兰一线，呈北东方向延伸，过黑龙江省依兰—佳木斯—罗北进入俄罗斯境内。它在吉林省内由南东、北西两条相互平行的北东向断裂带组成，长达260km，具左行扭动性质。该断裂带两侧地质构造性质明显不同：这条断裂的南东侧重力高，航磁为北东向正、负交替异常；北西侧重力低，航磁为稀疏负异常。两侧地层的发育特征、岩性、含矿性等截然不同。从辽北到吉林省该断裂带两侧晚期断层方向明显不一致，东南侧以北东向断层为主，北西侧以北北东向断层为主。北西侧北北东向断裂与华北板块和西伯利亚板块间的缝合线展布方向一致，反映了继承古生代基底构造线特征；南东侧的北东向断裂与库拉、太平洋板块向北俯冲有关，说明在吉林省境内，早古生代伊舒断裂带两侧属于性质不同的两个大地构造单元，西部属于华北板块，东部总体上为被动大陆边缘。它经历了早志留世末华北板块与吉黑古生代增生褶皱带发生对接的走滑拼贴阶段、新生代库拉-太平洋板块向亚洲大陆俯冲的活化阶段，以及第三纪（现为新近纪＋古近纪）至第四纪初亚洲大陆应力场转向，使伊舒断裂带受到了强烈的挤压作用，导致两侧基底向槽地推覆并形成了外倾对冲式冲断层构造带。

3.敦化-密山走滑断裂带

该断裂带是我国东部一条重要的走滑构造带，对大地构造单元划分及有色金属成矿具有重要的意义。该断裂带经辉南、桦甸、敦化等地进入黑龙江省，省内长达360km，宽10～20km，习惯称之为辉发河断裂带。该断裂带活动时间较长，沿该断裂带岩浆活动强烈。该断裂带不仅是构造单元的分界线，也是含镍基性、超基性岩体的导岩构造，对长仁铜镍矿床、红旗岭铜镍矿床、漂河川铜镍矿床的形成起着重要作用。

4.鸭绿江走滑断裂带

该断裂带是吉林省规模较大的北东向断裂之一，由辽宁省沿鸭绿江进入吉林省集安，经安图两江至王清天桥岭进入黑龙江省，省内长达510km，断裂带宽30～50km，纵贯辽吉台块和吉黑古生代陆缘增生褶皱带两大构造单元，对吉林省地质构造格局及贵金属、有色金属矿床成矿均有重要意义。断裂带总体表现为压剪性，沿断面发生逆时针滑动，相对位移为10～20km。断裂切割中生代及早期侵入岩体，并控制侏罗纪、白垩纪地层的分布。

5.韧性剪切带

吉林省的韧性剪切带广泛发育于前寒武纪古老构造带及不同地体的拼贴带中。

新太古代绿岩带中的韧性剪切带：出露多沿绿岩带片理分布，自西而东有石棚沟韧性剪切带、老牛沟韧性剪切带、夹皮沟韧性剪切带、金城洞韧性剪切带、金城洞沟口韧性剪切带、古洞河站韧性剪切带、西沟韧性剪切带、东风站韧性剪切带，对金、铜矿成矿具有重要控制作用。

古元古代裂谷中韧性剪切带：多分布于不同岩石单元接触带上，沿珍珠门组与花山组接触带出现一条规模巨大的韧性剪切带，这一剪切带是在上述两组地层间的同生断裂基础上发展起来的一条北东向

"S"形构造带,长百余千米。大横路铜、钴矿床和附近矿点群位于该大型变形构造的南东翼。

不同大地构造单元接合带或地体拼贴带中的韧性剪切带:如在金银别-四岔子复杂构造带中出现多条相互平行的韧性剪切带,延长几十千米,呈北西向展布,与铜矿关系比较密切。

五、大地构造

吉林省大地构造位置处于华北古陆块(龙岗地块)和西伯利亚古陆块(佳木斯-兴凯地块)及其陆缘增生构造带内。由于多次裂解、碰撞、拼贴、增生,岩浆活动、火山作用、沉积作用、变形变质作用异常强烈,形成若干稳定地球化学块体和地球物理异常区,相对应出现若干大型-巨型成矿区(带),它们共同控制着吉林省非金属成矿的规模和分布。吉林省萤石矿主要在晚三叠世—新生代构造分区张广才岭-哈达岭火山盆地区,具体构造特征见表 3-1-1。

表 3-1-1　吉林省晚三叠世—新生代大地构造分区表

大地构造单元级别及名称				构造阶段	主要建造
Ⅰ级	Ⅱ级	Ⅲ级	Ⅳ级		
东北叠加造山裂谷系	大兴安岭叠加岩浆弧	大兴安岭东坡火山盆地区	万宝黄花火山盆地群	滨太平洋构造域陆缘火山弧发展阶段	陆相中酸性火山含煤碎屑岩建造
	松嫩火山-盆地带			滨太平洋构造域陆缘盆岭发展阶段	含油页岩深水—半深水相湖泊黑色泥岩、大陆玄武岩建造
	小兴安岭-张广才岭叠加岩浆弧	张广才岭-哈达岭火山盆地区	大黑山条垒火山-盆地群	滨太平洋构造域陆缘火山弧发展阶段	燕山期中酸性侵入岩、火山岩建造
			伊通-舒兰走滑-伸展复合地堑	滨太平洋构造域陆缘盆岭发展阶段	燕山期中酸性侵入岩、火山岩建造
			南楼山-辽源火山盆地群	滨太平洋构造域陆缘火山弧发展阶段	燕山期中酸性侵入岩、火山岩建造
		太平-英额岭火山盆地区	敦化-密山走滑-伸展复合地堑	滨太平洋构造域陆缘盆岭发展阶段	燕山期中酸性侵入岩、火山岩建造
			老爷岭火山-盆地群	滨太平洋构造域陆缘火山弧发展阶段	燕山期中酸性侵入岩、火山岩建造
			罗子沟-延吉火山-盆地群	滨太平洋构造域陆缘火山弧发展阶段	燕山期中酸性侵入岩、火山岩建造
华北叠加造山裂谷系	胶辽吉叠加岩浆弧	吉南-辽东火山盆地区	柳河-二密火山-盆地区	滨太平洋构造域陆缘火山弧发展阶段	陆相中酸性火山岩、含煤(火山)碎屑岩建造,大陆玄武岩、安粗岩-碱性流纹岩建造

第二节 区域矿产特征

一、成矿特征

吉林省萤石矿主要分布在九台、永吉、磐石等地,成因类型为热液充填交代型、火山热液型。有经济价值的萤石矿产于永吉县金家屯、磐石市南梨树热液充填交代型矿床。

1.热液充填交代型矿床

热液充填交代型萤石矿床是吉林省萤石矿床的主要成因类型。这类矿床主要分布于吉林省中部地区。容矿围岩为二叠系—拉溪组上段泥质板岩夹灰岩,鹿圈屯组凝灰岩、泥质灰岩、硅质岩,时空上与中酸性侵入杂岩的交代及热液作用成矿有关。矿化主要出现在石炭系—二叠系与燕山期中酸性岩类侵入接触带上,矿体构造上受北东向和北西向两组断裂控制,代表矿床为永吉金家屯萤石矿。

2.火山热液型矿床

吉林省此类型萤石矿矿产地有多处,九台牛头山萤石矿床规模比较大,伊通青堆子萤石矿床(现已采空)、伊通由家岭萤石矿床、敦化二合店萤石矿床、桦甸剧乐萤石矿床为小型,其他为矿点,详见表3-2-1。

下白垩统营城子组流纹岩、花岗质碎屑岩为赋矿地层,时空上与中酸性侵入杂岩四楞山中—粗晶花岗岩成矿密切相关,围岩蚀变主要为硅化、高岭土化、萤石化、黄铁矿化等,矿体构造上受北东向和北西向两组交叉断裂控制,代表矿床为九台牛头山萤石矿。

二、吉林省萤石矿矿产地成矿特征

吉林省萤石矿矿产地成矿特征见表3-2-1。

表3-2-1 吉林省萤石矿矿产地成矿特征一览表

序号	矿产地名	地理位置	矿床规模	成矿时代	矿种	品位/%	查明氟化钙/($\times 10^3$ t)	勘查程度	矿床成因类型
1	永吉金家屯萤石矿床	永吉县	小型	燕山期	萤石矿	47.82	145 氟化钙	详查	热液充填交代型
2	磐石南梨树萤石矿床	磐石市明城镇	小型	燕山期	萤石矿	59.85	63.5 氟化钙	详查	热液充填交代型
3	永吉国泰萤石矿床	永吉县	小型	燕山期	萤石矿	5.0		详查	热液充填交代型
4	九台牛头山萤石矿床	九台市其塔木镇	小型	燕山期	萤石矿	55.0	65 氟化钙	详查	火山热液型
5	伊通由家岭萤石矿床	伊通县	小型	燕山期	萤石矿	53.2~80.4	8.6 氟化钙		火山热液型

续表 3-2-1

序号	矿产地名	地理位置	矿床规模	成矿时代	矿种	品位/%	查明氟化钙/($\times 10^3$ t)	勘查程度	矿床成因类型
6	敦化二合店萤石矿床	敦化市	小型	燕山期	萤石矿	42.79	3.59 氟化钙		火山热液型
7	桦甸剧乐萤石矿床	桦甸市	小型	燕山期	萤石矿	51	13 氟化钙		火山热液型
8	伊通青堆子萤石矿床	伊通县	矿点	燕山期	萤石矿	45~55	0.217 85 氟化钙	普查	火山热液型
9	双阳一面山萤石矿点	长春市双阳	矿点	燕山期	萤石矿				火山热液型
10	桦甸榆木桥南山萤石矿点	桦甸市	矿点	燕山期	萤石矿	55			火山热液型
11	蛟河太阳屯萤石矿点	蛟河市退搏乡太阳屯	矿点	燕山期	萤石矿				火山热液型
12	梨树山咀萤石矿点	梨树市	矿点	燕山期	萤石矿				火山热液型
13	和龙杨树沟萤石矿点	和龙市	矿点	燕山期	萤石矿				火山热液型
14	磐石石棚屯萤石矿点	磐石市	矿点	燕山期	萤石矿	20~40			火山热液型

三、萤石矿预测类型划分及其分布范围

1. 萤石矿预测类型及其分布范围

矿产预测类型是指为了进行矿产预测，根据相同的矿产预测要素以及成矿地质条件，对矿产划分的类型。

吉林省萤石矿成因类型有热液充填交代型、火山热液型两种类型。

本次选择的矿产预测类型，热液充填交代型分布在一拉溪、明城两个地区，火山热液型分布在其塔木地区。吉林省萤石矿矿产预测类型分布见图 3-2-1。

2. 预测工作区圈定与典型矿床分布

吉林省萤石矿矿床类型为与燕山期花岗岩有关的中低温热液型和火山热液型矿床，集中分布于吉林省中部地区。预测工作区圈定以含矿建造和矿床成因系列理论为指导，以物探、化探、遥感、自然重砂等综合信息为依据，圈定萤石成矿一拉溪、明城、其塔木 3 个预测工作区。

优选了吉林省萤石矿较典型的矿床：永吉金家屯萤石矿床、九台牛头山萤石矿床、磐石南梨树萤石矿床3个典型矿床。详细信息见表3-2-2～表3-2-5，图3-2-1。

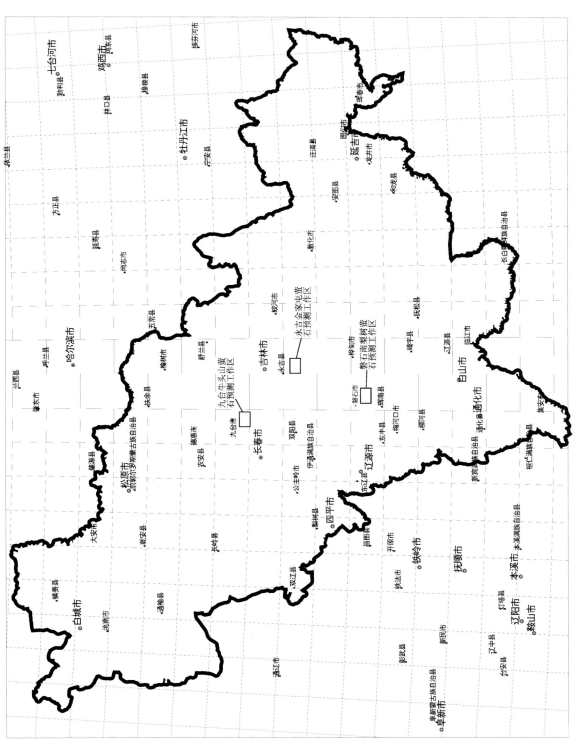

图3-2-1 吉林省萤石矿矿产预测类型及预测工作区分布图

表 3-2-2 吉林省萤石矿矿产预测类型划分一览表

矿产预测类型	成矿时代	典型矿床	预测方法类型	预测区 1:5万构造专题底图类型	预测工作区	重要(建造)地质要素
金家屯式热液充填交代型	燕山期	永吉金家屯萤石矿床	层控内生型	综合建造构造图	一拉溪	二叠系一拉溪组上段泥质板岩夹灰岩+构造+矿化信息
牛头山式火山热液型	燕山期	九台牛头山萤石矿床	火山岩型	火山岩建造构造图	其塔木	下白垩统营城子组流纹岩、花岗质碎屑岩+构造+矿化信息
南梨树式热液充填交代型	燕山早期	磐石南梨树萤石矿床	层控内生型	综合建造构造图	明城	燕山早期石英正长斑岩+鹿圈屯组凝灰岩、泥质灰岩、硅质岩

表 3-2-3 吉林省萤石矿矿产预测(方法)类型 1:5万地质构造背景编图范围、重要地质要素表

矿床成因类型	矿产预测类型	预测方法类型	预测工作区	编图区面积 /(×10²km²)	预测区 1:5万地质构造底图编图类型	预测工作区	重要(建造)地质要素
热液充填交代型	金家屯式热液充填交代型	层控内生型	一拉溪	10,049 0	综合建造构造图	一拉溪	二叠系一拉溪组上段泥质板岩夹灰岩+构造+矿化信息
火山热液型	牛头山式火山热液型	火山岩型	其塔木	8,832 9	火山岩建造构造图	其塔木	下白垩统营城子组流纹岩、花岗质碎屑岩+构造+矿化信息
热液充填交代型	南梨树式热液充填交代型	层控内生型	明城	8,304 5	综合建造构造图	明城	燕山早期石英正长斑岩+鹿圈屯组凝灰岩、泥质灰岩、硅质岩

表 3-2-4 吉林省萤石矿矿产预测工作区代码表

预测工作区	预测工作区代码	矿产预测类型	矿产预测类型代码	预测方法类型	预测区编码	四位代码	预测区顺序码
一拉溪	2222501029	金家屯式热液充填交代型	2222501	层控内生型	YLXY	JJTY	029
其塔木	2222401030	牛头山式火山热液型	2222502	层控内生型	QTMY	NLSY	030
明城	2222502031	南梨树式热液充填交代型	2222401	火山岩	MCYS	NTSY	031

表 3-2-5 吉林省萤石矿矿产预测类型代码表

矿产预测类型	典型矿床	预测方法类型		矿区顺序号
金家屯式热液充填交代型	永吉金家屯萤石矿床	层控内生型		2201
南梨树式热液充填交代型	磐石南梨树萤石矿床	层控内生型		2202
牛头山式火山热液型	九台牛头山萤石矿床	火山岩		2203

第三节 区域地球物理、地球化学、遥感、自然重砂特征

一、区域地球物理特征

(一)重力

1.岩(矿)石密度

各大岩类的密度特征:沉积岩的密度值小于岩浆岩和变质岩。不同岩性间的密度值变化情况如下:沉积岩为 $1.51×10^3 \sim 2.96×10^3 kg/m^3$,变质岩为 $2.12×10^3 \sim 3.89×10^3 kg/m^3$,火山碎屑岩为 $2.08×10^3 \sim 3.44×10^3 kg/m^3$;喷出岩的密度值小于侵入岩的密度值,见图3-3-1。

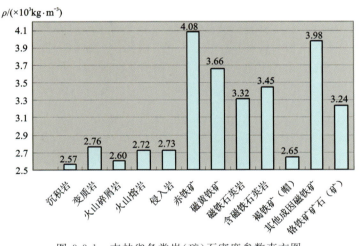

图 3-3-1 吉林省各类岩(矿)石密度参数直方图

不同时代各类地质单元岩石密度变化规律:不同时代地层单元岩系总平均密度存在差异,其值大小在时代上有从新到老增大的趋势,地层时代越老,密度值越大。新生界为 $2.17×10^3 kg/m^3$,中生界为 $2.57×10^3 kg/m^3$,古生界为 $2.70×10^3 kg/m^3$,元古宇密度为 $2.76×10^3 kg/m^3$,太古宇密度为 $2.83×10^3 kg/m^3$,由此可见新生界的密度值均小于之前各时代地层单元的密度值,各时代均存在着密度差,见图 3-3-2。

2.区域重力场基本特征

区域重力场特征:在全省重力场中,宏观呈现"二高一低"重力区,即西北及中部为重力高、东南部为重力低的基本分布特征。最低值在长白山—长白一线(见分区图Ⅲ₁₆区);高值区出现在大黑山条垒区(见分区图Ⅲ₈区);瓦房镇—东屏镇(见分区图Ⅱ₁区)为另一高值区;洮南、长岭一带(见分区图Ⅱ₂区)异常较为平缓,呈局部分布。中部及东南部布格重力异常等值线大多呈北东向展布,大黑山条垒,尤其是辉南—白山—桦甸—黄泥河镇一带,等值线展布方向及局部异常轴向均呈北东向。北部桦甸—夹皮沟—和龙一带,等值线则多以北西向为主,向南逐渐变为东西向,至漫江则转为南北向,围绕长白山天池呈弧形展布,延吉、珲春一带也呈近弧形展布。

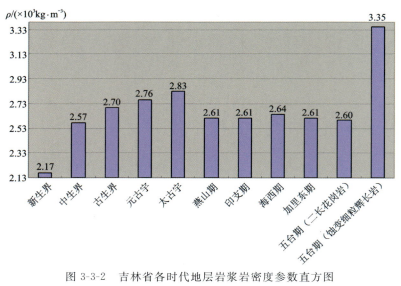

图 3-3-2　吉林省各时代地层岩浆岩密度参数直方图

深部构造特征:重力场值的区域差异特征反映了莫霍面及康氏面的变化趋势,曲线的展布特征则反映了明显地质构造及岩性特征的规律性。从莫霍面图上可见,西北部及东南两侧呈平缓椭圆状或半椭圆状,西北部洮南-乾安为幔坳区,中部松辽为幔隆区,中部为北东走向的斜坡,东南为张广才岭-长白山地幔坳陷区,而东部延吉珲春汪清为幔凸区。安图—延吉、柳河—桦甸一带所出现的北西向及北东向等深线梯度带表明,华北板块北缘边界断裂,反映了不同地壳的演化史,见图 3-3-3、图 3-3-4。

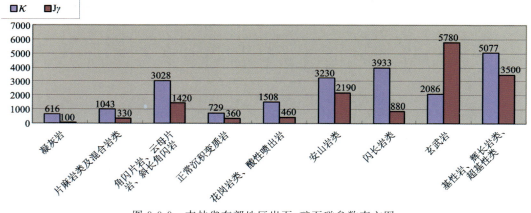

图 3-3-3　吉林省东部地区岩石、矿石磁参数直方图

(二)航磁

1.区域岩(矿)石磁性参数特征

吉林省萤石矿主要与火山岩和中酸性岩体有关。

火山岩类岩石普遍具有磁性,并且具有酸性火山岩→中性火山岩→基性、超基性火山岩磁性由弱到强的变化规律。

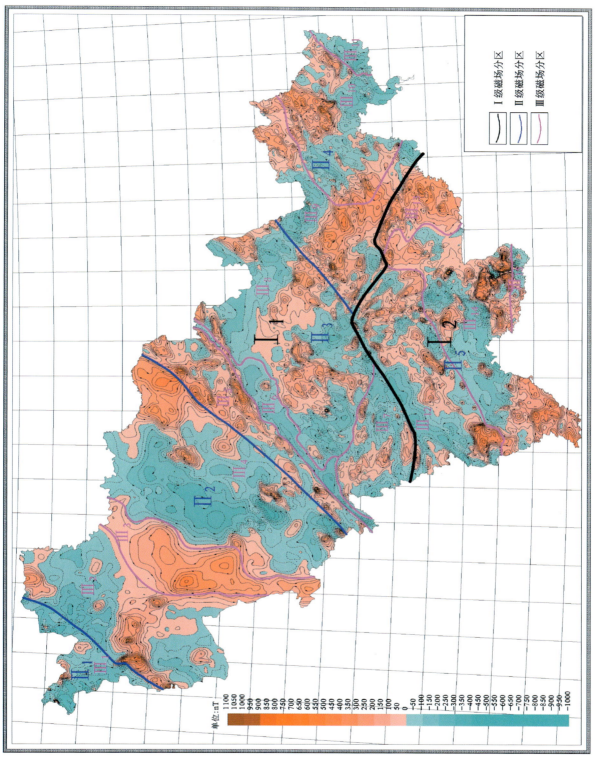

图3-3-4 吉林省磁场分区平面图

岩浆岩中酸性岩浆岩磁性变化范围较大，可由无磁性变化到有磁性。其中吉林地区的花岗岩具有中等程度的磁性，而其他地区花岗岩类多为弱磁性，延边地区的部分酸性岩表现为无磁性。

四平地区的碱性岩-正长岩表现为强磁性。吉林、通化地区的中性岩磁性为弱—中等强度，而在延边地区则为弱磁性。

2.吉林省区域磁场特征

吉林省萤石矿主要与 I_1 异常区有关，磁场区的基本特征如下。

以梅河口—桦甸—和龙一线的近东西走向的中朝准地台北缘超岩石圈断裂为界，南部为辽东台隆的东北段，北部为天山-兴安地槽褶皱区内大兴安岭褶皱系、松辽中断陷、吉林优地槽褶皱、延边优地槽褶皱带。不同大地构造单元反映出不同场区特征，沿梅河口—桦甸—和龙一线由西向东有一条极其明显的北东走向磁异常线性梯度带，在红石北部转为南东走向磁异常线性梯度带、串珠状异常带，不同场区分界线与槽区、台区分界线位置完全吻合，磁异常形态特征反映出该分界线为巨大的线性断裂构造带。西段北东向展布的负异常带与敦化-密山断裂带在吉林省内的南部位置一致，为中生代—新生代沉积断陷盆地分布区，其中有少量印支晚期及燕山期中酸性岩出露，东段北西向分布的低（负）异常带与北西向带状分布的加里东期寒武纪花岗闪长岩分布位置基本吻合。

二、区域地球化学特征

吉林省萤石矿主要是热液脉型成因，主要组分 F 来源于燕山期深成的花岗岩浆，Ca^{2+} 来源于围岩。F 元素的异常分布对典型矿床不支持，其分布特征主要反映了中生代酸性火山岩与新生代碱性火山岩分布区。因此，以 F 元素异常为主体的叠生地球化学场对预测萤石矿的作用是有限的。

B、F 属气成元素，具有较强的挥发性，是酸性岩浆活动的产物，As、B 的强富集反映出岩浆活动、构造活动的发育，也反映出吉林省东部山区后生地球化学改造作用强烈，对吉林省成岩、成矿作用影响巨大。

F 作为重要的矿化剂元素，在后期的热液成矿中，对 Au、Ag、Cu、Pb、Zn 等主成矿元素的迁移、富集起到非常重要的作用。

三、区域遥感特征

吉林省地跨两大构造单元，大致以开原—山城镇—桦甸—和龙连线为界，南部为中朝准地台，北部为天山-兴安地槽区，槽台之间为一规模巨大的超岩石圈断裂带（华北地台北缘断裂带），遥感图像上主要表现为近东西走向的冲沟、陡坎两种地貌单元界线，并伴有与之平行的糜棱岩带形成的密集纹理。

吉林省内的大型断裂全部表现为北东走向，它们多为不同地貌单元的分界线，或对区域地形地貌有重大影响，遥感图像上多表现为北东走向的大型河流、两种地貌单元界线、北东向排列陡坎等。

吉林省的中型断裂表现在多方向上，主要有北东向、北西向、近东西向和近南北向，它们以成带分布为特点，单条断裂长为十几千米至几十千米，断裂带长为几十千米至百余千米，遥感影像特征主要表现为冲沟、山鞍、洼地等，控制二三级水系。吉林省的小型断裂遍布吉林省的低山丘陵区，规模小，分布规律不明显，断裂长几千米至数十千米，遥感图像上主要表现为小型冲沟、山鞍或洼地。

吉林省的环状构造比较发育，遥感图像上多表现为环形或弧形色线、环状冲沟、环状山脊，偶尔可见环形色块，其规模从几千米到几十千米，大者可达数百千米，其分布具有较强的规律性，主要分布于北东向线性构造带上，尤其是该方向线性构造带与其他方向线性构造带的交会部位，环形构造成群分布。块状影像主要为北东向相邻线性构造形成的挤压透镜体以及北东向线性构造带与其他方向线性构造带交会形成菱形块状或眼球状块体，其分布明显受北东向线性构造带控制。

第四章 预测评价技术思路和工作要求

一、指导思想

以提高吉林省萤石矿矿产资源对经济社会发展的保障能力为目标，以先进的成矿理论为指导，以全国矿产资源潜力评价项目总体设计书为总纲，以 GIS 技术作为平台规范，以有效的资源评价方法、技术为支撑，以地质矿产调查、勘查以及科研成果等多元资料为基础，在中国地质调查局及全国项目组的统一领导下，采取专家主导、产学研相结合的工作方式，全面、准确、客观地评价吉林省萤石矿矿产资源潜力，提高吉林省区域成矿规律的认识水平，为吉林省及国家编制中长期发展规划、部署矿产资源勘查工作提供科学依据及基础资料。同时通过工作完善资源评价理论与方法，培养一批科技骨干及综合研究队伍。

二、工作原则

坚持尊重地质客观规律，实事求是的原则；坚持一切从国家整体利益和地区实际情况出发，立足当前，着眼长远，统筹全局，兼顾各方的原则；坚持全国矿产资源潜力评价"五统一"的原则；坚持由表及里、由定性到定量的原则；坚持充分发挥各方面优势尤其是专家的积极性、产学研相结合的原则；坚持既要自主创新符合地区地质情况，又可进行地区对比和交流的原则；坚持全面覆盖、突出重点的原则。

三、技术路线

充分搜集以往的地质矿产调查、勘查、物探、化探、自然重砂、遥感以及科研成果等多元资料，以成矿理论为指导，开展区域成矿地质背景、成矿规律、物探、化探、自然重砂、遥感多元信息研究，编制相应的基础图件，以Ⅳ级成矿区（带）为单位，深入全面总结萤石矿矿产的成矿类型，研究以成矿系列为核心内容的区域成矿规律；全面利用物探、化探、遥感所显示的地质找矿信息，运用体现地质成矿规律的预测技术，全过程应用 GIS 技术，在Ⅳ级和Ⅴ级成矿区内圈定预测区的基础上，实现吉林省资源潜力评价。

四、工作流程

具体工作流程见图 4-0-1。

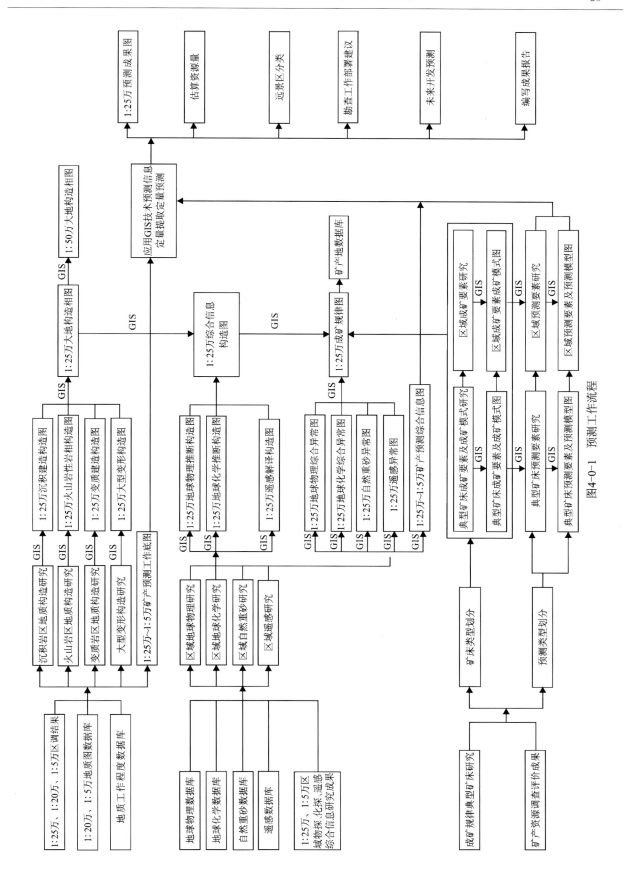

图4-0-1 预测工作流程

第五章 成矿地质背景研究

第一节 实施步骤

(1)明确任务,学习全国矿产资源潜力评价项目地质构造研究工作技术要求等有关文件。

(2)收集有关的地质、矿产资料,特别注意收集最新的有关资料,编绘实际材料图。

(3)编绘过程中,以1:25万综合建造构造图为底图,再以预测工作区1:5万区域地质图的地质资料加以补充,将收集到的与火山岩型、岩浆热液型、沉积变质-改造型、侵入岩浆型萤石矿矿床有关的资料编绘于图中。

(4)明确目标地质单元,划分图层,以明确的目标地质单元为研究重点,同时研究控矿构造、矿化、蚀变等内容,借助物探、化探、遥感推断地质构造及岩体信息完善测区内容。

(5)图面整饰,按统一要求,制作图示、图例。

(6)编图:遵照沉积岩、变质岩、岩浆岩研究工作要求进行编图。要将与相应类型萤石矿矿床形成有关的地质矿产信息较全面地标绘在图中,形成预测底图。

(7)编写说明书:按照统一要求的格式编写。

(8)建立数据库:按照规范要求建库。

第二节 建造构造特征

一、热液充填交代型萤石矿预测工作区建造构造特征

(一)一拉溪预测工作区

1.区域建造构造特征

该区萤石矿成矿特征为:燕山期岩浆活动(火山与侵入)有利成矿围岩的环境中赋存萤石矿矿产,成矿与古生代西别河组砂岩、页岩夹灰岩及东西—北东向断裂构造和矿化有关,具有燕山期中酸性岩体控矿等特点。

2.预测工作区建造构造特征

1)侵入岩建造

区内侵入岩有晚泥盆世超基性岩,中—晚侏罗世花岗闪长岩、二长花岗岩、二长花岗岩,早白垩世花

岗斑岩。晚泥盆世超基性岩有橄榄岩、含辉橄榄岩,岩石呈黑绿色、暗绿色,发生蛇纹石化。

2)沉积岩建造

区内出露沉积岩石由下而上为下志留统—下泥盆统西别河组张家屯段,岩性为含砾粗砂岩、粉砂岩夹灰岩透镜体。二道沟段岩性为细砂岩、粉砂岩、页岩夹泥灰岩、灰岩。

中二叠统范家屯组为浅海相陆源碎屑岩及火山碎屑岩,主要岩性为细砂岩、粉砂岩、凝灰质砂岩、细砾岩、砂砾岩、砾岩。上二叠统杨家沟组为粉砂质板岩、泥质板岩夹细砂岩。

古近纪吉舒组为砂岩夹煤建造。

3)火山岩建造

编图区分布海西期火山岩中二叠统大河深组,一段为流纹质凝灰岩、安山质凝灰岩夹流纹岩,二段为凝灰质砾岩、砂岩夹流纹质凝灰岩。

编图区火山岩属中生代陆相喷发-降落-涌流相火山岩。

上三叠统四合屯组岩性为安山质凝灰角砾岩、集块岩、安山岩夹安山质火山碎屑岩。

下侏罗统玉兴屯组岩性为砂砾岩、流纹质—安山质火山碎屑岩、砂岩。

下侏罗统南楼山组主要岩石岩性为流纹岩、安山岩、英安质含角砾凝灰岩安山质集块岩、安山质凝灰角砾岩、流纹质凝灰角砾岩等。

(二)明城预测工作区

1.区域建造构造特征

该区位于晚古生代北西向盘桦裂陷槽,南楼山-辽源中生代火山盆地群、吉林中东部火山岩浆段的叠合部位。沉积建造主要为石炭系鹿圈屯组砂岩夹灰岩建造,与成矿关系密切,其次为磨盘山组、石嘴子组。火山建造为下侏罗统玉兴屯组、南楼山组火山碎屑岩-火山岩建造,分布在编图区东缘。侵入岩建造为早侏罗世、中侏罗世石英闪长岩、花岗闪长岩建造,晚侏罗世二长花岗岩为控矿岩体。

2.预测工作区建造构造特征

1)火山岩建造

区内有海西期、燕山早期火山活动。上石炭统—下二叠统窝瓜地组、下侏罗统南楼山组。火山建造可划分为喷发-沉积相、火山通道相、爆发相和喷溢相。

喷发-沉积相出现于本组的底部,由安山质凝灰角砾岩建造组成,含凝灰岩及少量流纹质凝灰角砾岩等。

火山通道相分布于头道沟北大顶子山,形成安山质集块岩建造,由安山质集块岩、碎斑熔岩及碎斑熔岩角砾岩组成。

爆发相和喷溢相分布面积较广,由安山岩、英安岩、英安质火山碎屑岩和流纹岩建造组成。组成岩石有安山岩、英安质含角砾凝灰岩及流纹岩。流纹岩、安山岩的测年资料年龄为176.7～176.1Ma(全岩K-Ar法)和195.04Ma(全岩K-Ar法),时代为早、中侏罗世。

2)侵入岩建造

侵入岩有中二叠世正长花岗岩、碱长花岗岩,中侏罗世石英闪长岩、花岗闪长岩、二长花岗岩、正长花岗岩,燕山晚期早白垩世花岗斑岩。中侏罗世花岗闪长岩和二长花岗岩分布最广,在空间上与萤石矿矿产关系密切。区内脉岩有闪长玢岩。

3)沉积岩建造

编图区内出露沉积岩主要为晚古生代地层,下石炭统鹿圈屯组砂岩夹灰岩,磨盘山组,上石炭统—下二叠统石嘴子组,中二叠统寿山沟组、范家屯组砂岩夹灰岩。

二、火山热液型萤石矿其塔木预测工作区建造构造特征

1. 区域建造构造特征

该区位于吉林省中部,二级构造岩浆带属于小兴安岭-张广才岭构造岩浆带的西缘,大黑山条垒火山—盆地群(Ⅳ级)。区内印支晚期、燕山早期火山活动十分强烈。营城组安山岩、流纹岩、泥质粉砂岩含矿建造广泛分布,与成矿关系密切,同期的中酸性侵入岩为控矿岩体。

2. 预测工作区建造构造特征

1)火山岩建造

预测区内火山岩较发育,编图区有中生代陆相喷发-降落-涌流相火山岩,晚三叠世四合屯组安山质凝灰-角砾岩建造、集块岩建造、安山岩夹安山质火山碎屑岩建造,下白垩统营城组安山岩、流纹岩、泥质粉砂岩建造。

2)侵入岩建造

预测区内燕山期中酸性侵入岩发育,具有多期多阶段性。编图区内侵入岩有早侏罗世正长花岗岩、早白垩世花岗斑岩。脉岩有闪长玢岩、辉绿玢岩、石英脉。

3)沉积岩建造

预测区内沉积岩地层分布较广泛,出露的地层有中二叠统哲斯组、范家屯组浅海相陆源碎屑岩及火山碎屑岩,主要岩性有细砂岩、粉砂岩、凝灰质砂岩、细砾岩、砂砾岩、砾岩;还有上二叠统林西组、杨家沟组粉砂质板岩、泥质板岩夹细砂岩,上三叠统卢家屯组,下白垩统沙河子组、登楼库组、泉头组。

4)变质岩建造

区内变质岩不发育,在预测区有少量分布,为新元古界机房沟岩组变质建造。

第三节 大地构造特征

吉林省萤石矿大地构造为晚三叠世—新生代构造单元分区。按热液充填交代型、火山热液型萤石矿两种成因类型预测工作区描述。

一、热液充填交代型萤石矿预测工作区大地构造特征

1. 一拉溪预测工作区

该区大地构造位于东北叠加造山-裂谷系(Ⅰ$_1$)、小兴安岭-张广才岭叠加岩浆弧(Ⅱ$_3$)、张广才岭-哈达岭火山-盆地区(Ⅲ$_3$)、跨伊通-舒兰走滑-伸展复合地垒(Ⅳ$_3$)与南楼山-辽源火山-盆地群(Ⅳ$_4$)。区内构造以东西—北东向断裂构造为主,近南北向次之。

2. 明城预测工作区

该区大地构造位于东北叠加造山-裂谷系(Ⅰ$_1$)、小兴安岭-张广才岭叠加岩浆弧(Ⅱ$_3$)、张广才岭-

哈达岭火山-盆地区(III_3)、南楼山-辽源火山-盆地群(IV_4)。区内石炭纪地层具北西—近东西走向特征,侏罗纪侵入岩呈近东西展布的特点,反映区内具北西—近东西向构造控岩特征。断裂构造以近东西—北东东向断裂构造为主。

二、火山热液型萤石矿预测工作区大地构造特征

火山热液型萤石矿预测工作区只有其塔木预测工作区,具体大地构造特征如下。

该区大地构造位于东北叠加造山-裂谷系(I_1)、小兴安岭-张广才岭叠加岩浆弧(II_3)、张广才岭-哈达岭火山-盆地区(III_3)、大黑山条垒火山-盆地群(IV_2)。

大型断裂构造带:伊通-舒兰断裂带及分支断裂呈北东—南西向通过编图区两侧,上述两条大型断裂构造在中生代以压扭性为特征,总体控制大黑山条垒的岩石形成与展布。

断裂构造在大型构造带控制下,展布方向主要为北东向,北西向次之。

脆性断裂构造:主要为北东向、北西向和近东西向,在区域上北东向断裂错断了北西向断裂,说明前者形成晚于后者。且预测区内的断裂构造对矿产起到明显的控制作用,尤其是两组断裂交会、复合部位,是成矿的有利地段。

第六章　典型矿床与区域成矿规律研究

第一节　技术流程

一、典型矿床研究技术流程

(1)典型矿床的选取。选取具有一定规模、有代表性、未来资源潜力较大、在现有经济或选冶技术条件下能够开发利用或技术改进后能够开发利用的矿床。

(2)从成矿地质条件、矿体空间分布特征、矿石物质组分与结构构造、矿石类型、成矿期次、成矿时代、成矿物质来源、控矿因素和找矿标志、矿床的形成及就位演化机制9个方面系统地对典型矿床进行研究。

(3)从岩石类型、成矿时代、成矿环境、构造背景、矿物组合、结构构造、蚀变特征、控矿条件8个方面总结典型矿床的成矿要素，建立典型矿床的成矿模式。

(4)在典型矿床成矿要素研究的基础上叠加地球化学、地球物理、重砂、遥感及找矿标志，形成典型矿床预测要素。建立典型矿床预测模型。

(5)以典型矿床比例尺不小于1∶1万综合地质图为底图，编制典型矿床成矿要素图、预测要素图。

二、区域成矿规律研究技术流程

广泛搜集区域上与萤石矿有关的矿床、矿点、矿化点的勘查、科研成果，按如下技术流程开展区域成矿规律研究：①确定矿床的成因类型；②研究成矿构造背景；③研究控矿因素；④研究成矿物质来源；⑤研究成矿时代；⑥研究区域所属成矿区(带)及成矿系列；⑦编制区域成矿要素及成矿模式图件。

第二节　典型矿床地质特征

共选取3个吉林省萤石矿典型矿床，按成因类型分为热液充填交代型、火山热液型，详细特征见表6-2-1。

表6-2-1　吉林省萤石矿预测类型划分一览表

矿产预测类型	成矿时代	典型矿床	成因类型	预测方法类型	预测工作区
金家屯式热液充填交代型	燕山期	永吉金家屯萤石矿床	热液充填交代型	层控内生型	一拉溪
牛头山式火山热液型	燕山期	九台牛头山萤石矿床	火山热液型	火山岩型	其塔木
南梨树式热液充填交代型	燕山早期	磐石南梨树萤石矿床	热液充填交代型	层控内生型	明城

一、典型矿床

(一)永吉金家屯萤石矿

1.矿床地质特征

1)成矿地质背景及成矿地质条件

大地构造位于东北叠加造山-裂谷系(Ⅰ₁)、小兴安岭-张广才岭叠加岩浆弧(Ⅱ₃)、张广才岭-哈达岭火山-盆地区(Ⅲ₃)南楼山-辽源火山-盆地群(Ⅳ₄)内。

(1)地层。

矿区出露地层主要为上二叠统一拉溪组上段,其次为白垩系泉头组,见图6-2-1。

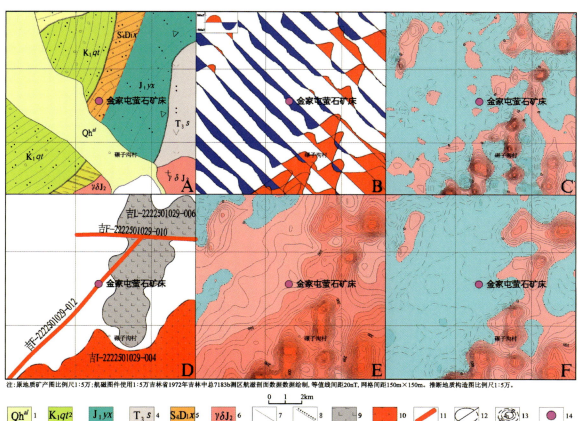

图6-2-1 金家屯萤石矿矿床地质平面图(据于学政等,2010修改)

1.第四系砂砾石及黏土;2.白垩系泉头组含砾砂岩;3.上二叠统一拉溪组上段板岩夹灰岩(含萤石矿);4.上二叠统一拉溪组上段泥质板岩;5.上二叠统一拉溪组凝灰质板岩;6.萤石矿体及编号;7.产状;8.闪长玢岩;9.煌斑岩脉;10.实测及推测地质界线;11.不整合地质界线;12.实测推测断层及编号;13.断层破碎带;14.萤石矿点

一拉溪组上段总体走向近南北,倾向西,倾角40°~60°,厚度大于414m。按岩性自下而上分为3层:凝灰质板岩,由安山岩岩屑及少量长石晶屑组成,厚度大于63m;泥质板岩,主要由泥质组成,厚度142m;板岩夹灰岩,主要岩性为绢云母板岩及微晶灰岩,其次为硅质岩、大理岩,厚度209m,萤石矿赋存于该层位,矿体的直接围岩是灰岩及泥质板岩。

白垩系泉头组不整合覆于一拉溪组之上。岩性为含砾砂岩,砾石有晶屑凝灰岩、含砾晶屑岩屑凝灰岩、火山角砾岩及硅质岩等,厚度大于38m。

(2)侵入岩。

矿区内仅见燕山早期闪长玢岩、闪长岩、煌斑岩及安山玢岩岩脉。侵入岩主要为燕山早期侵入体,具有多次侵入的特征。第一侵入阶段为花岗岩类,第二侵入阶段为闪长岩。燕山期中酸性岩体控制矿体产出。

(3)变质岩。

区域变质作用主要发生在上二叠统一拉溪组中,凝灰岩为凝灰质板岩,黏土岩变为泥质板岩,属绿片岩相变质岩。动力变质岩主要有构造角砾岩、碎裂岩、糜棱岩等。

(4)构造。

褶皱:褶皱构造较简单,由一拉溪组组成近南北向的单斜构造,倾向总体向西,北部走向北北东,中部转为近南北及北北西,Ⅳ线以南又转为北北东而略呈"S"形。此外局部见小褶曲。

断裂:断裂构造复杂程度属中等,主要为层间破碎带,是控矿构造,分布在矿区中部,走向近南北,长约700m,宽10~40m,呈不规则的带状展布,具多处分支,属一组破碎带。充填物主要为构造角砾岩、糜棱岩及萤石矿,萤石矿多分布在下部,构造角砾岩多在上部,糜棱岩多见于构造角砾岩和萤石矿体之间,构造角砾岩成分以泥质板岩为主,少量石灰岩,围岩为石灰岩及泥质板岩。构造角砾岩及糜棱岩具萤石矿化及硅化(石英细脉),局部由闪长玢岩填充,后者未见矿化,但具板理化。

综上所述,层间破碎带形成时间推测为二叠纪末期,早期表现为张性,其后发生萤石矿化伴有硅化,而后由岩脉充填;晚期转为压性,生成糜棱岩。

2)矿体三度空间分布特征

矿体呈南北向带状展布,长700m,宽200m,矿体主要赋存于上二叠统一拉溪组上段,围岩是灰岩及泥质板岩。矿床共有4条矿体,其中①号矿体为主矿体,其余3条为主矿体上盘围岩中的小矿体。主矿体厚10.12m,其余小矿体合计厚度4.39m。

①号矿体沿走向长306m,沿倾向斜深148m,真厚度1.00~28.35m,平均厚10.12m,产状变化较大,总体走向南北,西倾,倾角30°~60°,北段较缓,南段较陡,局部有上陡下缓之势。矿体呈脉状,沿走向、倾向膨缩较急剧,具分支复合,矿体连续性较好,见图6-2-2、图6-2-3。

②号矿体及③号矿体距主矿体上盘30~40m,④号矿体位于②号矿体上盘10~20m处。这3条小矿体产出方向与主矿体大致平行,厚度小,平均厚度都在2m以下。此外,矿体倾角较陡,都在60°以上,③号矿体达75°。

3)矿石物质成分

矿物成分:主要有萤石及石英。伴生有用组分褐铁矿。

矿物组合:萤石、石英、方解石、褐铁矿、高岭土。

矿石类型:①自然类型矿石主要为石英-萤石型矿石及萤石型矿石,少量方解石-萤石型矿石;②工业类型矿石为脉状矿石。

结构构造:结构为粒状结构,局部有角砾状、蜂窝状、葡萄状及网格状结构。构造有块状构造,少量条带状构造。

4)蚀变特征

矿区内围岩蚀变类型主要有硅化、高岭土化、碳酸盐化、褐铁矿化、萤石化、黄铁矿化、绢云母化及大理岩化等。

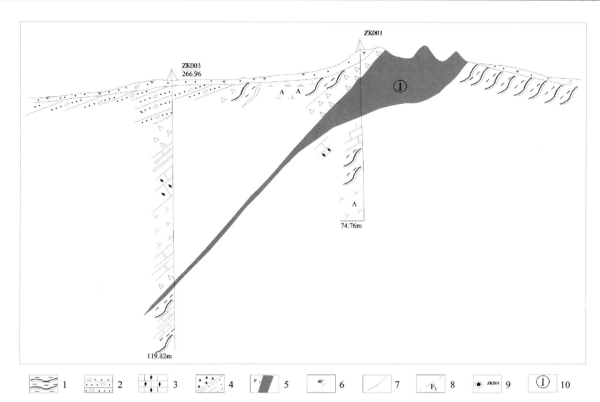

图 6-2-2 金家屯萤石矿矿床 0 号勘探线剖面示意图（据于学政等，2010）

1.泥质板岩；2.含砾砂岩；3.微晶灰岩；4.构造角砾岩/糜棱岩；5.萤石矿床及编号；6.产状；7.实测及推测地质界线；8.实测推测断层及编号；9.钻孔及编号；10.萤石矿点

5）成矿阶段

根据矿体特征、矿石组分、结构构造特征，将矿化划分为两个成矿期。

岩浆热液期：燕山期中酸性侵入岩浆晚期，岩浆热液上侵，渗入大量循环水，低温岩浆气液中 F^- 离子与围岩中 Ca^{2+} 离子结合成 CaF_2，沿裂隙薄弱处充填，形成萤石矿体，为主成矿期。

表生期：氧化作用阶段生成的主要矿物组合为褐铁矿、高岭土。

6）成矿时代

根据矿体赋存的地层、矿体特征、区域构造运动等特征，推测其成矿时代为燕山期。

7）岩石地球化学特征

微量元素特征：矿石中微量元素含量与地壳克拉克值相当，尤其与维纳格拉多夫(1956)酸性岩更接近，仅亲 Cu、As、Sb 明显高于克拉克值，稀土元素 Nb、La 低于克拉克值。S、P、Fe_2O_3、SiO_2、$CaCO_3$ 是有害组分，其中 S 含量普遍较低，P、Fe_2O_3 及 $CaCO_3$ 含量也较低；SiO_2 含量较高，变化较大，对冶金及化工用萤石的品级产生影响，但通过手选可降低其含量，提高其品级。

8）矿床物质来源及成因类型

(1)成矿物质来源。据微量元素 Q 型聚类分析，萤石与灰岩之间距离函数较小，为 0.317，与安山玢岩之间距离系数较大，为 0.545，而与花岗岩及闪长岩之间的距离系数也较大，为 0.396，由此推断组成萤石的 Ca 的来源是石灰岩。但石英脉与花岗岩之间的距离系数小，为 0.249，而萤石矿与石英脉又密切伴生，因此 F 的来源不排除与花岗岩有联系(图 6-2-4)。

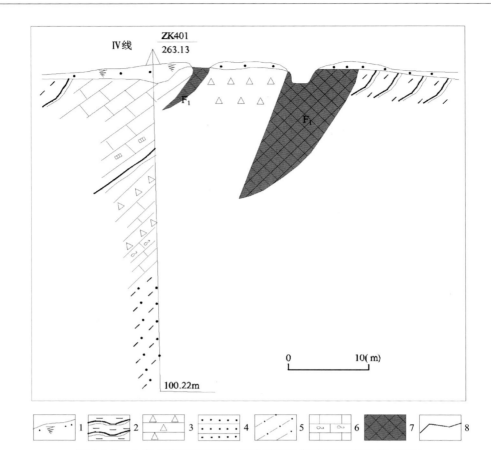

图 6-2-3 金家屯萤石矿Ⅳ号勘探线剖面示意图(据于学政等,2010)

1.腐殖土及残坡积;2.泥质板岩;3.凝灰质板岩;4.砂岩;5.含砾砂岩;6.微晶灰岩/条带状微晶灰岩/结晶灰岩;7.硅质岩;8.构造角砾岩/糜棱岩

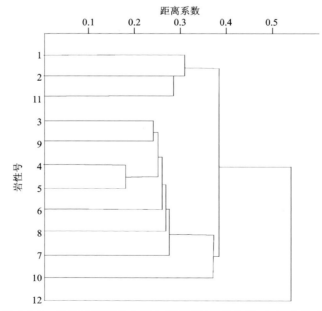

图 6-2-4 微量元素聚类分析 Q 型谱(据于学政等,2010 有修改)

1.萤石;2.石灰岩;3.石英脉;4.角砾矿;5.板岩;6.黄铁矿;7.闪长岩;8.硅质岩;9.花岗岩;10.安山岩;11.糜棱岩;12.闪长玢岩

(2)成因类型。该矿床属热液充填交代型,主要依据如下。

①矿体呈透镜状,分支发育,其分支除顺层分布外,也有斜交岩层的。

②矿体与顶底围岩界线明显。

③矿体围岩蚀变强烈,尤其硅化强烈,此外有绢云母化及大理岩化等。

④矿石结构多为梳状、网脉状及细脉状。

9)控矿因素

地层控矿:矿床产于一拉溪组上段泥质板岩夹灰岩岩层之中,矿体的直接围岩是灰岩及泥质板岩,矿石中的脉石主要是泥质板岩及硅质岩。

构造控矿:矿体产于层间破碎带,矿体最厚的地段是断裂(层间破碎)最发育的地段,表明控矿构造就是层间破碎带,而层间破碎带最发育的地段是不同岩性交接带以及岩层产状发生较大转折的部位。

10)矿床形成及成矿就位机制

推测在燕山早期,含氟岩浆热液(含矿岩浆)在岩浆热液晚期沿深大断裂上侵,在岩浆热液和地表水环流作用下,岩浆热液温度下降,使围岩中矿物质活化,在层间张性破碎带沿裂隙薄弱处充填,含矿物质赋存于泥质岩与石灰岩交代处的层间破碎带构造中,构成良好的封闭空间,使含矿气水溶液不易散失,使气液中成矿物质 F^- 离子与围岩中成矿物质 Ca^{2+} 离子得以充分作用,从而形成萤石矿体。

2.地球物理异常特征

在1∶5万航磁异常等值线图上,矿床处负异常等值线沿北西向错动,负磁场区东侧有较强的正磁异常沿北东向排布,推测由燕山期中酸性岩和侏罗系玉兴屯组安山岩、安山质凝灰角砾岩、安山质凝灰熔岩引起。西部低缓的正、负磁场区由古生界和伊通-舒兰断陷盆地引起。

物性参数特征:矿区内各类岩(矿)石有明显电性差异,微晶灰岩电阻率达到 $10\ 300\Omega\cdot m$,属极高阻;萤石矿电阻率为 $4637\Omega\cdot m$,为高阻;板岩和角砾岩电阻率均不超过 $200\Omega\cdot m$,属中低阻。

视电阻异常特征:微晶灰岩和萤石矿均为高视电阻异常反映。

(二)磐石南梨树萤石矿

1.矿床地质特征

1)地质构造环境及成矿条件

大地构造位置位于天山-兴蒙-吉黑造山带(Ⅰ₁)、包尔汉图-温都尔庙弧盆系(Ⅱ₆)、下冶-呼兰-伊泉陆缘岩浆弧(Ⅲ₄)、盘桦上叠裂陷盆地(Ⅳ₅)。

(1)地层。区内地层仅出露有下石炭统鹿圈屯组、下侏罗统南楼山组。

鹿圈屯组:为一套海陆交互陆源碎屑夹碳酸盐岩、火山建造,主要岩性为灰岩、变质砂岩、硅质岩、凝灰岩等。本组地层与矿产关系密切,是矿体直接围岩,见图6-2-5。

南楼山组:仅见流纹质凝灰岩,由长石、石英晶屑和火山灰组成,为凝灰结构,具块状构造,发育星点状褐铁矿化。

(2)侵入岩。区内出露的侵入岩主要为燕山早期石英正长斑岩及花岗斑岩脉。石英正长斑岩为萤石矿床形成的直接母岩。

(3)构造。矿区内发育吉林复向斜,双阳-磐石褶皱束。区内构造与成矿关系密切。

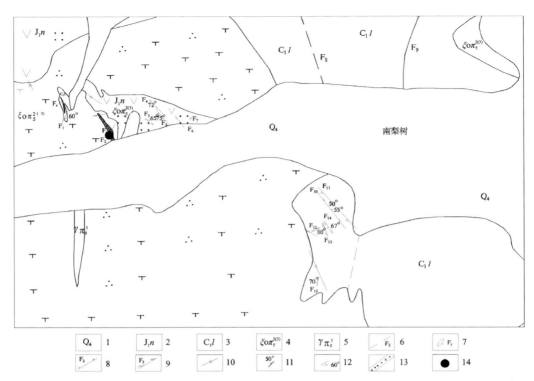

图 6-2-5　南梨树萤石矿典型矿床地质图

1.第四系:砂、砾石、黏土;2.南楼山组:安山岩、安山质凝灰岩;3.鹿圈屯组:灰岩、变质砂岩、板岩、硅质岩、变质凝灰岩等;4.石英正长斑岩、正长斑岩;5.花岗斑岩;6.推测性质不明断层及编号;7.萤石矿;8.压性断层及编号;9.张扭性断层及编号;10.破碎带;11.产状;12.接触面产状;13.断层破碎带;14.萤石矿点

褶皱:受早印支构造运动的影响,鹿圈屯组形成线性褶皱构造。在区内表现为岩层呈北北西向的单斜构造,地层走向 310°～340°,倾向北东,倾角 60°～80°。受梨树沟断裂影响,褶皱南侧地层走向 330°～350°,倾向南西,倾角 50°～80°。

断裂:区内断裂构造发育,其中规模最大为梨树沟断裂。该断裂横贯全区,为一走向近东向、倾向南的压扭性断裂。沟谷北侧,断层滑动面、挤压破碎带等现象发育受该断裂的影响,产生了次一级的北西向和北东向两组断裂。

北西向断裂最为发育,是控制矿带和矿体的主要断裂,大部分萤石矿体在该组断裂中发育。断裂走向 320°～340°,Ⅰ号矿带主矿体倾向北东,Ⅱ～Ⅳ号矿带主矿体倾向南西,倾角 60°～90°,断层面多呈舒缓波状,构造扁豆体和片理化挤压带发育,性质表现为扭性。

北东向断裂走向不稳定,20°～80°,倾向多为北西,倾角 50°～84°,断裂规模一般较小,沿走向和倾向延伸不大,产状变化较大。

上述两组断裂具继承性、多期活动特点,既是控矿构造,也会破坏矿体。除上述断裂构造外,区内还发育有北西向的挤压破碎带和北北东向的断裂构造。

2)矿体特征

南梨树萤石矿床Ⅰ号矿带断续出露,矿带长 500m,宽 60～200m,走向 320°～340°,矿带内赋存矿体以北西向为主,北东向次之。

Ⅰ号矿带由 19 个矿体组成,其中Ⅰ-1 号、Ⅱ-2 号矿体规模较大,二者均受北西向构造断裂带控制,平行分布。矿体呈脉状、透镜状,沿走向具舒缓波状,局部可见有分支、复合及膨胀萎缩现象,沿倾向具逐渐变窄趋势。

矿体产状基本一致，走向 330°～340°，倾向北东，倾角 60°～70°，矿体长 90～150m，厚度 0.54～6.3m，平均厚度 3.15m，倾斜延深 85～150m，见图 6-2-6。

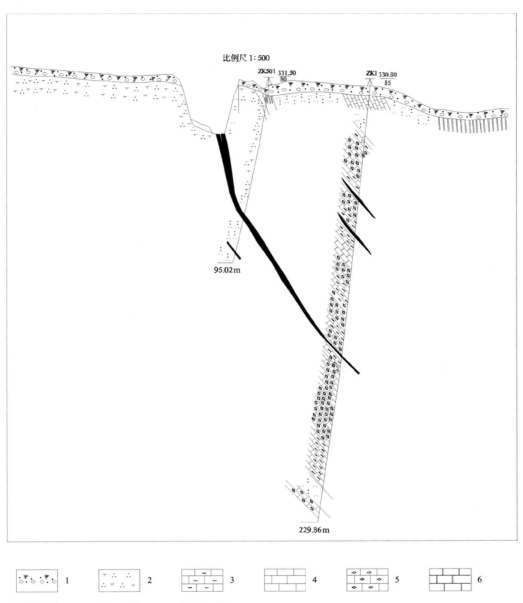

图 6-2-6 南梨树Ⅰ号矿带 5 勘探线

1.腐殖土、残坡积层；2.人工堆积；3.泥质灰岩；4.灰岩；5.结晶灰岩；6.大理岩；7.凝灰岩；8.萤石矿体；9.钻孔位置编号及钻孔深度/m

矿体顶板为凝灰岩，底板主要为石英正长斑岩，局部为凝灰岩，其他矿体赋存于灰岩、泥质灰岩层间构造破碎带中，少数矿体产于石英正长斑岩体中。矿体夹石主要为流纹质凝灰岩，局部含角砾岩。矿物成分以长石、石英晶屑、火山灰为主。

3）矿石物质成分及矿石类型

物质成分：矿石有益组分主要为 CaF_2，伴生组分 SiO_2、S。

矿石类型：主要为石英-萤石型、萤石-硅质岩型。

矿物组合：主要为萤石、石英，少量方解石、黄铁矿等。脉石矿物主要为石英、方解石、黄铁矿、褐铁矿。

矿石的结构构造：矿石呈粒状变晶结构。矿石多为致密块状构造、团块状或角砾状构造。

4）蚀变类型

围岩蚀变主要有萤石矿化、褐铁矿化、硅化及碳酸盐化，偶见黄铁矿化。其中，硅化与萤石矿化关系密切，萤石矿化处一般硅化较强。

5）成矿阶段

根据矿体特征和矿石组分、结构、构造特征，将矿化划分为两个成矿期。

岩浆热液期：区域侵入岩浆晚期，含矿岩浆上升过程中造成负压环境，引发大气降水和地下水参与循环，岩浆热液温度从高温向中低温变化，低温岩浆热液上侵过程中围岩中的矿物质活化，气液中 F^- 与围岩中 Ca^{2+} 结合成 CaF_2，沿裂隙薄弱处充填，在成矿有利地段聚集形成萤石矿体。随着岩浆热液不断演化，矿物质经多次的活化、迁移、富集，最后形成萤石富矿体。此阶段为主成矿期。

表生期：氧化作用阶段生成的，主要矿物为褐铁矿化、硅化及碳酸盐化。

6）成矿时代

推测成矿时代为燕山早期。

7）地球化学特征

SiO_2 含量为 67.35%～74.66%，K 含量为 3.00%～5.64%，Na 含量为 0.15%～4.05%，Ca 含量为 0.11%～032%。分异指数范围为 79.5～93.5，平均为 88，分异指数高，分异较好。扎氏值特征显示：岩石均属铝过饱和系列，测试点均靠近 s 轴，说明斜长石含量很低，碱性长石含量高；线段趋于平缓，说明含铝高，铁、镁低，见图 6-2-7。

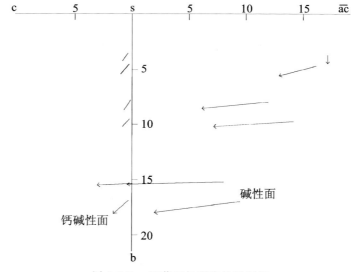

图 6-2-7 石英正长斑岩扎氏图解

8）成矿物理化学条件

萤石矿床成矿温度属中低温。

9）物质成分来源

(1) 在燕山早期大规模侵入杂岩形成的晚期，本区岩浆射气元素大量聚集，成矿物质相对集中，为本区成矿提供了良好的前提条件。

(2) 石英正长斑岩的侵入，使围岩中矿物质活化，沿裂隙薄弱处充填，并构成封闭成矿环境，使气液

中成矿物质 F^- 与围岩中成矿物质 Ca^{2+} 得以充分反应,形成萤石矿。

10)成因类型及成矿就位机制

岩体空间分布广泛,与侏罗纪火山岩紧密伴生,与围岩接触为明显侵入关系,SiO_2 含量最高,且变化范围小。样品在 Na_2O-K_2O 图解(图6-2-8)中多集中在Ⅰ区,可能受侵入接触带同化混染影响所致,岩体具典型Ⅰ型花岗岩特征。

萤石矿体赋存于燕山早期石英正长斑岩与下石炭统鹿圈屯组的接触带外带中。围岩主要为凝灰岩,局部为泥质灰岩、硅质岩,为萤石成矿提供丰富钙质。

石英正长斑岩提供的大量热源及含F热液沿着围岩与侵入体接触破碎带和围岩断裂构造带、节理裂隙交代围岩中的钙质成矿。

区内北西、北东两组构造断裂发育,控制了所有矿体:以北西向压扭性构造断裂为主,控制了所有规模的多数矿体,北东向张扭性裂隙中亦有些矿体,但因其规模较小,一般不具工业意义。

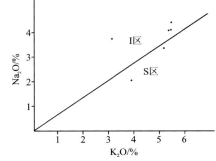

图6-2-8 Na_2O-K_2O 比值分布图

区内断裂具多期活动特点。断裂既是控矿断裂,后期复活又破坏矿体。萤石有的作为构造角砾岩的胶结物,有的萤石破碎成紫色断层泥及断层角砾。

综上所述,南梨树萤石矿床成因属凝灰岩和碳酸盐岩中的热液充填交代型。

11)控矿因素

构造控矿:构造运动产生的次一级北西、北东向构造破碎带既为容矿构造,也为控矿构造。

岩体控矿:燕山早期石英正长斑岩为控矿岩体。

地层控矿:矿体围岩主要为鹿圈屯组凝灰岩。

2.球物理异常、地球化学异常特征

在1:5万航磁异常等值线图上,矿床处于大面积略起伏波动负磁场区内。石炭系鹿圈屯组和印支期中酸性侵入岩均显示负磁异常特征,磐-双接触带和矿床在航磁负场区内无异常显示。

1:20万化探异常显示,明城预测工作区2号F元素异常与矿床依存关系紧密,矿致性质比较明显。该异常具三级分带,浓集中心较小,峰值为 593×10^{-6},面积为 $12.7km^2$,呈不规则状,有东西向展布的趋势,是找矿主要指示元素。CaO、Pb 异常主要分布在矿床的外围区域,与矿床关系呈弱势。由于二者与萤石呈负相关性,因此 CaO、Pb 在矿床所在区域的低背景状态可指示萤石的富集,同样具有不可忽视的找矿指示意义。SiO_2 与萤石呈反消长关系。

(三)磐台牛头山萤石矿

1.地质特征

1)地质构造环境及成矿条件

构造背景:大地构造位置位于东北叠加造山-裂谷系(Ⅰ$_1$)、小兴安岭-张广才岭叠加岩浆弧(Ⅱ$_3$)、张广才岭-哈达岭火山-盆地区(Ⅲ$_3$)、大黑山条垒火山-盆地群(Ⅳ$_2$)。

(1)地层。矿区出露下白垩统营城子组,分别为上碎屑岩层(K_1y^4)、流纹岩层(K_1y^3)、角砾岩层(K_1y^2)、下碎屑岩层(K_1y^1)。营城子组地层岩性主要为流纹岩、花岗质碎屑岩,少量花岗质及凝灰质碎屑岩类和安山玢岩。岩层产状简单,碎屑岩夹流纹岩、角砾岩层分布于矿区中部及西部,呈南北走向,层面倾

向西,倾角由北向南逐渐变陡,即 30°～80°,无明显的构造破坏现象。安山玢岩广泛分布于东部,各岩层的岩性、厚度沿走向或倾向时有变化,见图 6-2-9。

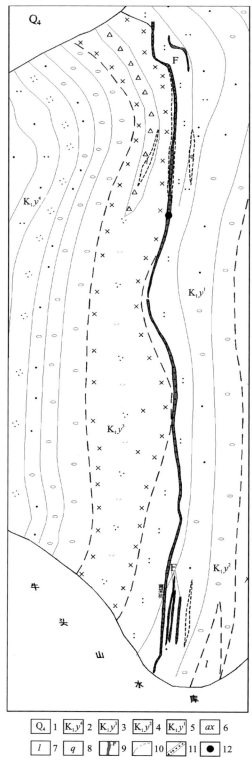

图 6-2-9　牛头山萤石矿矿床地质图

1.腐殖土、残坡积、冲积物;2.上碎屑岩层;3.流纹岩层;4.角砾岩层;5.下碎屑岩层;6.安山玢岩;7.花岗霏细岩;8.石英脉;9.萤石矿体及编号;10.地质界限(实测及推测);11.断层破碎带;12.萤石矿点营城子组地层为控矿和赋矿地层。流纹岩、花岗质碎屑岩为主要围岩。

(2)侵入岩。区内出露侵入岩主要为燕山期四楞山中—粗晶花岗岩,提供萤石矿成矿物质及热量,为控矿岩体。

花岗霏细岩岩体在矿区中呈小的岩墙、岩楔体,呈南北或北东方向展布,陡倾斜穿入安山玢岩及下碎屑岩内,岩体边部有时有清晰的流动构造。矿物成分以正长石、石英为主,极少暗色矿物。岩石块状、微晶质,偶有少量正长石及石英斑晶。岩浆活动主要在中生代。

(3)构造。区域贯穿着两条大断层,北东向的九台-其塔木断层,北西向的上河弯-桃山断层,二者在牛头山一带交会。推测矿液原生通道,为受上述大断层运动产生的次一级南北向破裂,该断裂既为容矿构造,亦为控矿构造,对矿体未产生破坏作用。

2)矿体特征

萤石矿脉主要有两条,之间垂直间距为10m,呈南北向延伸。北端采矿坑掌子面露头清楚。其中,西面Ⅰ号矿脉稳定,南北长达450m;东面Ⅱ号矿脉,仅在北端局部分布,主矿脉旁常见有数厘米厚的小矿脉近平行伴生。

矿体一般为规整脉状,上、下脉壁近平行,局部呈囊状和不规则状。矿脉总的产状简单,与围岩产状一致,走向近南北,倾向西,倾角北面缓,向南渐变陡。地形上矿脉位于矿区中部,由流纹岩构成的南北向小垄岗的东坡凹处,但本身无特殊的地貌特点,露头不好。

Ⅰ号脉:为矿区最主要矿脉,其倾角在北段为45°~55°,中部为50°~55°,在南段变陡为70°~80°;矿脉沿走向基本连续。厚度变化较平稳,变化范围在1~0.5m。北部脉平均厚0.8m,过槽后,脉平均厚1.3m。矿脉沿倾斜至斜深60m处(距地面50~55m)仍然连续,唯厚度均变薄。倾角向深部变化不大,仅北面稍变陡为55°~57°,呈"S"形。

Ⅱ号脉:在北端采矿掌子面出露明显,其下部厚0.7m,向上近地表渐薄至0.2~0.3m(斜长仅15m),矿脉在地表上向南沿走向10m未见出现,可能逐渐尖灭。向北矿脉可能仍有一定距离的延长,但为厚土覆盖而不清。矿脉向深部逐渐尖灭,推断Ⅱ号脉似一较大的扁豆体。

结合含矿段来看,北段及中段质量较好,CaF_2含量为60%~70%;南段较薄,CaF_2含量为50%左右。在沿脉延深50~100m处的矿段CaF_2含量亦在65%左右,较地面质量略高。

一些小矿脉长5~10m,厚1~10cm,零星单条或成束出现,间距数十厘米。脉尖灭端呈小锐角形,另有极少量萤石呈分散状出现。萤石矿化一般在主脉附近数米内,不超过10m。钻孔及深槽资料表明萤石矿化主要在Ⅰ号脉下盘。

矿脉围岩在矿区北面为流纹岩或黑色角砾岩及花岗质碎屑岩,凝灰质砂岩以及安山玢岩,南面则主要是凝灰质砂岩及部分花岗质岩。在上、下盘均为流纹岩或黑色角砾岩时,矿脉为规整板状,接触面平直,厚度变化小而稳定(厚度也较小);插于凝灰质砂岩或花岗质粗砂岩中的矿脉,厚度变化较大,局部形状复杂不规则,分支较多。

3)矿石物质成分及矿石类型

矿物成分:萤石矿主要由萤石及燧石等组成。

矿石化学组分中:SiO_2含量为88.38%,Fe_2O_3含量为4.62%,FeO含量为0.59%~0.83%,FeO含量为1.15%。矿石有益化学组分为CaF_2,有害化学组分为SiO_2、FeS_2、P_2O_5等。

矿石类型:主要为石英-萤石型矿石,其他为萤石型矿石、含角砾石英萤石型矿石。

矿物组合:石燧、萤石、石英、高岭石、叶蜡石、方解石、黄铁矿组合。

结构构造:结构为多半自形、晶粒结构。构造为块状构造,少量条带状构造。

4）蚀变类型

矿区内围岩蚀变类型主要为硅化、高岭土化、萤石化、黄铁矿化等。

5）成矿阶段

根据矿体特征和矿石组分、结构、构造特征，将矿化划分为两个成矿期。

火山作用期：早白垩世区域酸性、中性火山喷发，火山热液中的花岗质碎屑岩、富钙火山岩、碳酸盐夺取了钙质，与气液中 F^- 形成萤石，为主成矿期。

表生期：氧化作用阶段生成主要矿物组合为高岭土、石英等。

6）成矿时代

推测矿床成矿时代为燕山期。

7）地球化学特征

岩体岩石化学组分中：SiO_2 含量为 71.10%～74.31%，Fe_2O_3 含量为 1.93%～2.43%，FeO 含量为 0.59%～0.83%，MgO 含量为 1.77%～2.43%，含极少暗色矿物。

矿物元素特征：纯萤石的光谱分析结果说明岩石尚含有 Be、Ba、B、Cr、Mo、Cu、Zr、Na、Ti、Co、Ni 等元素，但含量极微。

8）成矿物理化学条件

据矿物组合及矿床成因推测：萤石矿属低温、低压的产物。

9）物质成分来源

（1）在燕山早期大规模侵入杂岩形成的晚期，本区岩浆射气作用携元素大量聚集，成矿物质相对集中，为本区成矿提供了良好的前提条件。

（2）花岗霏细岩岩体的侵入，使围岩中矿物质活化，沿裂隙薄弱处充填，并构成封闭成矿环境，使气液中成矿物质 F^- 与围岩中成矿物质 Ca^{2+} 得以充分反应，形成萤石矿体。

10）成因类型及成矿就位机制

早白垩世酸性、中性火山喷发，富氧硅质热液，沿牛头山—桦树咀子一带先成小型破裂空间运移，途中从围岩花岗质碎屑岩、富钙火山岩、碳酸盐夺取了钙质；随着温度、压力下降，溶液中成矿物质浓度相对增高等，而沿脉壁向中心 CaF_2 与 SiO_2 成分分别冷凝结晶成矿，由于温度等下降的不稳定性，从而形成多次石英萤石条带的重复，在矿脉形成同时，富硅溶液富集，沿围岩裂隙充填，形成石英岩脉。牛头山萤石矿应属酸性火山岩系中石英萤石建造的低温热液型矿床。

11）控矿因素

构造控矿：受大断层运动产生的次一级南北向断裂，既为容矿构造，又为控矿构造，为直接找矿标志。

侵入岩控矿：燕山期四楞山花岗霏细岩，提供成矿物质及热源，为控矿岩体。

地层控矿：下白垩统营城子组提供成矿物质，为控矿、赋矿地层。流纹岩、花岗质碎屑岩为主要围岩。

2.地球物理异常特征

在 1∶5 万航磁异常等值线图及化极等值线图上，矿床处于大面积低缓正磁场区内。萤石矿床西南部出露的下白垩统营城组中酸性火山岩、碎屑岩为含矿层位，可引起一定强度的磁异常；而北部、东部出露大面积下白垩统泉头组泥岩、砂岩、砾岩及第四系沉积地层，南临水库，表现出大面积低缓正磁异常特征。

二、典型矿床成矿要素特征与成矿模式

1.典型矿床成矿要素图

收集资料编绘矿区综合建造构造图,突出表达与成矿作用时空关系密切的建造构造、地层和矿床（矿点和矿化点）等地质体三维分布规律。主要反映矿床成矿地质作用、矿区构造、成矿特征等内容,特别是矿床典型剖面图能够直观地反映矿体空间分布特征和成矿信息。

2.典型矿床成矿要素

3个典型矿床成矿要素详见表6-2-2、表6-2-3、表6-2-4。成矿模式见图6-2-10、图6-2-11、图6-2-12。

1）金家屯萤石矿

表6-2-2　金家屯萤石矿典型矿床成矿要素表

成矿要素		内容描述	类别
特征描述		矿床属热液充填交代型	
地质环境	岩石类型	一拉溪组上段石灰岩、泥质板岩及硅质岩石,燕山期闪长岩	必要
	成矿时代	燕山期	重要
	成矿环境	矿床赋存于上古生界上二叠统一拉溪组上段泥质板岩夹灰岩层位中,区内侵入岩为海西期闪长岩及脉岩,矿体主要产于层间破碎带内	必要
	构造背景	大地构造位置位于吉林省晚三叠世—新生代构造单元分区,东北叠加造山-裂谷系（Ⅰ₁）、小兴安岭-张广才岭叠加岩浆弧（Ⅱ₃）、张广才岭-哈达岭火山-盆地区（Ⅲ₃）、南楼山-辽源火山-盆地群（Ⅳ₄）内。矿体产于层间破碎带最发育的地段,是不同岩性交接带以及岩层产状发生较大转折的部位	重要
矿床特征	矿物组合	矿石矿物主要有萤石、石英、方解石、褐铁矿、高岭土	重要
	结构构造	结构为粒状结构,局部有角砾状、蜂窝状、葡萄状及网格状结构。构造有块状构造,少量条带状构造	次要
	蚀变特征	矿区内围岩蚀变类型主要有硅化、高岭土化、碳酸盐化、褐铁矿化、萤石化、黄铁矿化及绢云母化等。硅化主要分布于矿体及其两侧,两侧厚一般为1m左右,硅化发育地段生成一些石英细脉,岩石硬度增大,硅化蚀变与矿体紧密共生,其生成严格受构造控制。萤石化主要分布于矿体两侧围岩中,多呈细脉状,宽一般5m左右,属热液交代近矿围岩蚀变	重要
	控矿条件	地层控矿:矿床产于一拉溪组上段泥质板岩夹灰岩岩层之中,矿石中的脉石主要是泥质板岩及硅质岩,因此认为灰岩、泥质板岩及硅质岩石为控矿岩石;构造控矿:矿体产于层间破碎带,矿体最厚的地段是断裂（层间破碎）最发育的地段,表明控矿构造就是层间破碎带,而层间破碎带最发育的地段是不同岩性交接带以及岩层产状发生较大转折的部位;岩体控矿:燕山期中酸性岩体提供热量与成矿物质	必要

推测在燕山早期,含氟岩浆热液（含矿岩浆）在岩浆热液晚期沿深大断裂上侵,在岩浆热液和地表水环流作用下,岩浆热液温度下降,使围岩中矿物质活化,在层间张性破碎带沿裂隙薄弱处充填,含矿物质

赋存于泥质岩与石灰岩交代处的层间破碎带构造中,构成良好的封闭空间,使含矿气水溶液不易散失,使气液中成矿物质 F^- 离子与围岩中成矿物质 Ca^{2+} 离子得以充分作用,从而形成萤石矿体。

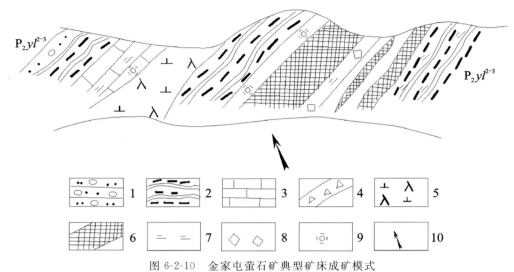

图 6-2-10　金家屯萤石矿典型矿床成矿模式
1.含砾砂岩;2.泥质板岩;3.灰岩;4.构造角砾岩;5.闪长玢岩;
6.萤石矿体;7.绢云母化;8.黄铁矿化;9.硅化;10.燕山期岩浆
期后热液运移方向

2)南梨树萤石矿

表 6-2-3　南梨树萤石矿典型矿床成矿要素表

成矿要素		内容描述	类别
特征描述		矿床属热液充填交代型	
地质环境	岩石类型	燕山早期石英正长斑岩,鹿圈屯组凝灰岩、灰岩、泥质灰岩	必要
	成矿时代	燕山早期	重要
	成矿环境	所属成矿区带为山河-榆木桥子金、银、钼、铜、铁、铅、锌成矿带(Ⅳ)、石咀-官马金、铁、铜找矿远景区(Ⅴ)。石英正长斑岩为萤石矿床形成的直接母岩。鹿圈屯组灰岩、变质砂岩、硅质岩、凝灰岩与矿产关系密切,是矿体直接围岩	必要
	构造背景	大地构造位置位于吉林省晚三叠世—新生代构造单元分区,东北叠加造山-裂谷系(Ⅰ₁)、小兴安岭-张广才岭叠加岩浆弧(Ⅱ₃)、张广才岭-哈达岭火山-盆地区(Ⅲ₃)、南楼山-辽源火山-盆地群(Ⅳ₄)内。梨树沟断裂次一级的北西向和北东向两组断裂既是控矿构造,也破坏矿体	重要
矿床特征	矿物组合	矿石矿物主要为萤石,脉石矿物有石英、方解石、黄铁矿、褐铁矿	重要
	结构构造	矿石结构主要有粒状交晶结构;矿石构造多为致密块状构造,局部呈团块状或角砾状构造,偶见细脉浸染状	次要
	蚀变特征	主要有萤石化、褐铁矿化、硅化及碳酸盐化,偶见黄铁矿化。其中,硅化与萤石矿化关系密切,萤石矿化处一般硅化较强	重要
	控矿条件	构造控矿:印支期构造运动产生的次一级北西、北东构造破碎带,既为容矿构造,也为控矿构造; 岩体控矿:燕山早期石英正长斑岩为控矿岩体; 地层控矿:矿体围岩主要为鹿圈屯组凝灰岩控矿	必要

区域侵入岩浆晚期,含矿岩浆上升过程中造成负压环境,引发大气降水和地下水参与循环,岩浆热液温度从高温向中低温变化,低温岩浆热液上侵过程中围岩中的矿物质活化,气液中 F^- 与围岩中 Ca^{2+} 结合成 CaF_2,沿裂隙薄弱处充填,在成矿有利地段聚集形成萤石矿体。随着岩浆热液不断演化,矿物质经多次的活化、迁移、富集,最后形成萤石富矿体。此阶段为主成矿期。

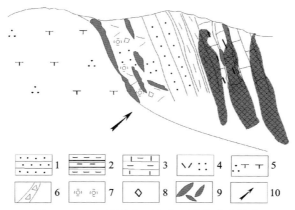

图 6-2-11 南梨树萤石矿典型矿床成矿模式

1.石炭系鹿圈屯组砂岩;2.石炭系鹿圈屯组泥质板岩;3.石炭系鹿圈屯组泥质灰岩、灰岩;4.石炭系鹿圈屯组流纹质凝灰岩;5.石英正长斑岩;6.破碎带;7.硅化;8.黄铁矿化;9.萤石矿体;10.燕山早期石英正长斑岩岩浆期后热液活动方向

3)牛头山萤石矿

表 6-2-4 牛头山萤石矿典型矿床成矿要素表

成矿要素		内容描述	类别
特征描述		矿床属火山热液型	
地质环境	岩石类型	流纹岩、花岗质碎屑岩、燕山期四楞山中—粗晶花岗岩	必要
	成矿时代	燕山期	重要
	成矿环境	所属成矿区带为兰家-八台岭金、铁、铜、银成矿带(Ⅳ$_3$)。八台岭-上河湾金、银、铜、铁找矿远景区(V$_{5-6}$)。矿床赋存于上古生界上二叠统一拉溪组上段泥质板岩夹灰岩层位中,区内侵入岩为海西期闪长岩及脉岩,矿体主要产于层间破碎带内	必要
	构造背景	大地构造位置位于吉林省晚三叠世—新生代构造单元分区,东北叠加造山-裂谷系(Ⅰ$_1$)、小兴安岭-张广才岭叠加岩浆弧(Ⅱ$_3$)、张广才岭-哈达岭火山-盆地区(Ⅲ$_3$)、大黑山条垒火山-盆地群(Ⅳ$_2$)。北东向的九台-其塔木断层和北西向的上河弯-桃山断层,既为容矿构造,亦为控矿构造	重要
矿床特征	矿物组合	由燧石、萤石、石英、高岭石、叶蜡石、方解石、黄铁矿组合	重要
	结构构造	结构为多半自形、晶粒结构,构造有块状构造,少量条带状构造	次要
	蚀变特征	矿区内围岩蚀变类型主要有硅化、高岭土化、萤石化、黄铁矿化等	重要
	控矿条件	构造控矿:受大断层运动产生的次一级南北向破裂,既为容矿构造,亦为控矿构造,为直接找矿标志; 侵入岩控矿:燕山期四楞山花岗霏细岩,提供成矿物质及热源,为控矿岩体; 地层控矿:下白垩统营城子组提供成矿物质,为控矿、赋矿地层。流纹岩、花岗质碎屑岩为主要围岩	必要

早白垩世酸性、中性火山喷发,富氧硅质热液,沿牛头山-桦树咀子一带成小型破裂空间运移,途中从围岩花岗质碎屑岩、富钙火山岩、碳酸盐夺取了钙质,随着温度、压力下降,溶液浓度相对增高等,而沿

脉壁向中心 CaF_2 与 SiO_2 成分分别冷凝结晶成矿,由于温度等下降的不稳定性,从而形成多次石英萤石条带的重复,在矿脉形成同时,富硅溶液富集,沿围岩裂隙充填,形成石英岩脉。牛头山萤石矿应属酸性火山岩系中石英萤石建造的低温热液型矿床。

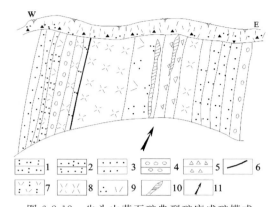

图 6-2-12　牛头山萤石矿典型矿床成矿模式

1.凝灰质粉砂岩;2.凝灰质砂岩;3.中粗粒砂岩;4.细砾岩;5.角砾岩;6.煤;7.流纹质凝灰岩;8.流纹岩;9.石英斑岩;10.萤石矿脉;11.白垩纪山岩浆期后热液注入方向（沿岩层裂隙及破碎带贯入）

第三节　预测工作区成矿规律研究

一、预测工作区地质构造专题底图确定

(一)一拉溪预测工作区

1.预测工作区的范围和编图比例尺

预测工作区位于吉林省头道沟一带,预测工作区面积 1 004.9 km²。区内有一条长春省级公路通过,交通方便。编图比例尺为 1:5 万。

2.地质构造专题底图特征

预测工作区已知分布有萤石矿化。编图重点表达与萤石成矿有密切关系的火山、侵入岩建造,其次为沉积岩建造。综合信息表示出火山(侵入)岩石分布地区,是萤石的找矿区域。断裂构造控矿,燕山期火山(侵入)岩空间展布受断裂构造控制,注重构造控岩、控矿与改造的断裂构造。

图面上表达萤石矿的矿化、蚀变,其矿化和蚀变相对较为集中的区域应为萤石矿产工作的重点地区。

（二）其塔木预测工作区

1.预测工作区的范围和编图比例尺

预测工作区位于长春市西南的乐山镇—太平村一带，总面积约 883.29km^2。编图比例尺为 1∶5 万。

2.地质构造专题底图特征

预测工作区已知分布有萤石矿化。编图重点表达与萤石成矿有密切关系的火山、侵入岩建造，其次为沉积岩建造。综合信息表示出火山（侵入）岩石分布地区，是萤石矿的找矿区域。断裂构造控矿，燕山期火山（侵入）岩石空间展布受断裂构造控制，注重构造控岩、控矿与改造的断裂构造。

图面上表达萤石矿产的矿化、蚀变，其矿化和蚀变相对较为集中的区域应为萤石矿产工作的重点地区。

（三）明城预测工作区

1.预测工作区的范围和编图比例尺

预测工作区位于吉林省磐石市境内，预测工作区面积 830km^2。区内有一条长春省级公路通过，交通方便。编图比例尺为 1∶5 万。

2.地质构造专题底图特征

预测工作区已知分布有萤石矿化。编图重点表达与萤石成矿有密切关系的（火山）侵入岩建造、沉积（碳酸盐）岩建造。综合信息表示出火山（侵入）岩石分布地区，是萤石矿的找矿区域。断裂构造控矿，燕山期火山（侵入）岩石空间展布受断裂构造控制，注重构造控岩、控矿与改造的断裂构造。

图面上表达萤石矿产的矿化、蚀变，其矿化和蚀变相对较为集中的区域应为萤石矿产工作的重点地区。

二、预测工作区成矿要素特征与区域成矿模式

（一）一拉溪预测工作区

1.成矿要素

用 1∶5 万一拉溪预测工作区综合建造构造图作为底图。突出表达与一拉溪萤石矿所在矿田的成矿作用时空关系密切的燕山期中酸性岩体岩性、岩相，以及志留系—下泥盆统西别河组粉砂岩、页岩夹泥灰岩建造和矿床（矿点和矿化点）等地质体三维分布规律和破碎带构造特征，还突出表达了矿化蚀变信息及围岩蚀变内容。图面能够直观地反映矿床空间分布特征和成矿信息。主图外附加剖面图及区域成矿模式图，能够直观地反映矿床空间分布特征和成矿信息。成矿要素详见表 6-3-1。

表 6-3-1 吉林省一拉溪预测工作区金家屯式热液充填交代型萤石矿成矿要素

成矿要素	内容描述	类别
特征描述	矿床属热液充填交代型	重要
岩石类型	志留系—下泥盆统西别河组粉砂岩、页岩夹泥灰岩；燕山期花岗闪长岩和二长花岗岩	必要
成矿时代	燕山期	重要
成矿环境	位于张广才岭-哈达岭火山-盆地区至南楼山-辽源火山-盆地群。古生界磨盘山组与燕山期花岗闪长岩和二长花岗岩接触带中赋存萤石矿产。区内呈北西—近东西向构造控岩特征。断裂构造以近东西—北东东向断裂构造为主	必要
构造背景	大地构造位置位于吉林省晚三叠世—新生代构造单元分区，东北叠加造山-裂谷系（I_1）、小兴安岭-张广才岭叠加岩浆弧（II_3）、张广才岭-哈达岭火山-盆地区（III_3）、南楼山-辽源火山-盆地群（IV_4）与伊通-舒兰走滑-伸展复合地垒内（IV_3）	重要
控矿条件	地层控矿：古生代沉积碳酸盐岩控矿； 构造控矿：层间破碎带； 岩体控矿：燕山期中酸性岩体提供热量与成矿物质	必要

2.成矿模式

一拉溪萤石矿预测工作区成矿模式见图 6-3-1。

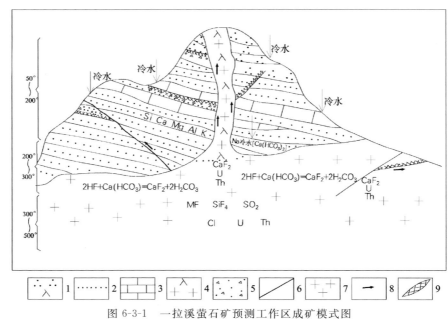

图 6-3-1 一拉溪萤石矿预测工作区成矿模式图

1.流纹质凝灰岩；2.板岩；3.灰岩（大理岩）；4.流纹斑岩；5.构造破碎带；6.断裂；7.花岗岩；8.CaF_2 溶液运移方向；9.萤石矿体

（二）其塔木预测工作区

1.成矿要素

利用 1∶5 万其塔木预测工作区火山岩建造构造底图。突出表达与其塔木萤石矿所在矿田的成矿作用时空关系密切的酸性火山岩时代、岩性、岩相和火山机构、火山构造等,以及矿床(矿点和矿化点)等地质体三维分布规律和受大断层运动产生的次一级构造特征。还突出表达了矿化蚀变信息及围岩蚀变内容。图面能够直观地反映矿床空间分布特征和成矿信息。主图外附加剖面图及区域成矿模式图。成矿要素详见表 6-3-2。

表 6-3-2 吉林省其塔木预测工作区牛头山式火山热液型萤石矿成矿要素

成矿要素	内容描述	类别
特征描述	矿床属火山热液型	重要
岩石类型	下白垩统营城组安山岩、流纹岩,早白垩世花岗斑岩	必要
成矿时代	燕山期	重要
成矿环境	所属成矿区带为兰家-八台岭金、铁、铜、银成矿带(IV_3)。八台岭-上河湾金、银、铜、铁找矿远景区(V_{5-6})。矿体赋存于白垩系营城子组安山岩,流纹岩为主要围岩	必要
构造背景	大地构造位置位于吉林省晚三叠世—新生代构造单元分区,东北叠加造山-裂谷系(I_1)、小兴安岭-张广才岭叠加岩浆弧(II_3)、张广才岭-哈达岭火山-盆地区(III_3)、大黑山条垒火山-盆地群(IV_2)	重要
控矿条件	构造控矿:受大断层运动产生的次一级南北向破裂,既为容矿构造,亦为控矿构造,为直接找矿标志; 侵入岩控矿:早白垩世—早侏罗世正长花岗岩为成矿提供热能; 下白垩系营城子组地层提供成矿物质,为控矿、赋矿地层,安山岩、流纹岩为主要围岩	必要

2.成矿模式

其塔木预测工作区成矿模式见图 6-3-2。

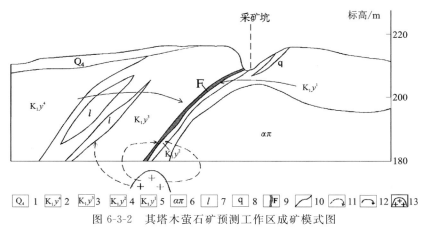

图 6-3-2 其塔木萤石矿预测工作区成矿模式图

1.腐殖土、残坡积、冲积物;2.上碎屑岩层;3.流纹岩层;4.角砾岩层;5.下碎屑岩层;6.安山玢岩;7.花岗霏细岩;8.石英脉;9.萤石矿体及编号;10.地质界限;11.富含硅质四楞山岩浆在机房沟一带侵入,岩浆携带成矿物资运移方向;12.在岩浆热液和地表水环流作用下,围岩中成矿物资运移方向;13.酸性岩浆

(三)明城预测工作区

1.成矿要素

用 1∶5 万明城综合建造构造图作为底图。突出表达与明城萤石矿所在矿田的成矿作用时空关系

密切的燕山期中酸性岩体岩性、岩相,磨盘山组大理岩化灰岩,以及矿床(矿点和矿化点)等地质体三维分布规律和破碎带构造特征。还突出表达了矿化蚀变信息及围岩蚀变内容。图面能够直观地反映矿床空间分布特征和成矿信息,主图外附加剖面图及区域成矿模式图。成矿要素详见表 6-3-3。

表 6-3-3　吉林省明城预测工作区南梨树热液充填交代型萤石矿成矿要素

成矿要素	内容描述	类别
特征描述	矿床属热液充填交代型	重要
岩石类型	磨盘山组大理岩化灰岩,燕山期花岗闪长岩和二长花岗岩	必要
成矿时代	燕山期	重要
成矿环境	位于张广才岭-哈达岭火山-盆地区至南楼山-辽源火山-盆地群。古生界磨盘山组与燕山期花岗闪长岩和二长花岗岩接触带中赋存萤石矿产。区内北西—近东西向构造控岩特征。断裂构造以近东西—北东东向断裂构造为主	必要
构造背景	大地构造位置位于吉林省晚三叠世—新生代构造单元分区,东北叠加造山-裂谷系(I_1)、小兴安岭-张广才岭叠加岩浆弧(II_3)、张广才岭-哈达岭火山-盆地区(III_3)、南楼山-辽源火山-盆地群(IV_4)内	重要
控矿条件	地层控矿:古生代沉积碳酸盐岩控矿; 构造控矿:燕山期中酸性岩体控矿	必要

2.成矿模式

明城预测工作区成矿模式参见一拉溪预测区成矿模式。

第七章 重力、磁测、化探、遥感、自然重砂应用

第一节 重 力

一、技术流程

根据预测工作区预测底图确定的范围,充分收集区域内的1:20万重力资料,以及以往的相关资料,在此基础上开展预测工作区1:5万重力相关图件编制,之后开展相关的数据解释,以满足预测工作对重力资料的需求。

二、资料应用

应用2008—2009年1:100万、1:20万重力资料及综合研究成果,充分收集应用预测工作区的密度参数、磁性参数、电性参数等物性资料。对预测工作区和典型矿床所在区域进行研究时,全部使用1:20万重力资料。

三、数据处理

预测工作区的编图全部使用全国项目办下发的吉林省1:20万重力数据。重力数据已经按《区域重力调查技术规范》(DZ/T 0082—2006)进行"五统一"改算。

布格重力异常数据处理采用中国地质调查局发展研究中心提供的RGIS 2008重磁电数据处理软件,绘制图件采用MapGIS软件,按"全国矿产资源潜力评价"项目的《重力资料应用技术要求》执行。

剩余重力异常数据处理采用中国地质调查局发展研究中心提供的RGIS重磁电数据处理软件,求取滑动平均窗口为14km×14km的剩余重力异常,绘制图件采用MapGIS软件。

等值线绘制等项与布格重力异常图相同。

四、地质推断解释

1.一拉溪预测工作区

区内西北部分布有重力低异常区,为伊-舒中生代—新生代沉积盆地的场态特征。中部有一北东走向的重力高异常带斜穿本区,为区内最高重力异常,剩余重力最大值为 $9×10^{-5}$ m/s²。东部为重力高异常与重力低异常交替分布区。

中部有一北东走向的重力高异常带,地表出露有面积较大的晚古生代地层,有志留系—下泥盆统西别河组含砾粗砂岩、粉砂岩夹灰岩透镜体、细砂岩、粉砂岩、页岩夹泥灰岩、灰岩,下石炭统通气沟组,中二叠统大河深组,下二叠统范家屯组砂岩、砂砾岩,上二叠统杨家沟组粉砂质板岩、泥质板岩夹细砂岩。重力高异常带与西别河组、范家屯组、杨家沟组(相当于一拉溪组)等分布范围对应。因此,推断异常为晚古生代地层及早古生代基底隆起综合引起。

东部与重力低异常相伴的重力高异常,地表出露有几处泥盆统西别河组、上二叠统杨家沟地层及较大面积的下侏罗统南楼山组火山岩。推断重力高异常为半隐伏的晚古生代地层引起。重力低异常区主要为中侏罗世二长花岗岩引起,仅在南部商登沟及东部铜匠屯附近与下侏罗统南楼山组火山岩关系密切,推断两地为中生代火山喷发中心。

金家屯热液充填交代型萤石矿床位于中部有一北东走向的重力高异常带的间断处,靠近北部西别河组、杨家沟组引起的局部重力高异常的边部。该处有东西向梯度带通过,南侧为侏罗纪花岗闪长岩引起的重力低异常。重力找矿标志:中酸性岩体重力低异常与杨家沟组重力高异常过渡带附近的地层一侧,东西走向梯度带反映了断裂构造的位置,是成矿的有利部位。

2.其塔木预测工作区

区内西北部分布有一处片状重力高、重力低异常镶嵌分布,异常规模较大。

北部两处重力高异常区为区内两处最高异常,剩余重力异常最大值为 $7×10^{-5}$ m/s²。地表出露有新元古界机房沟岩组绢云石英片岩、绢云片岩,哲斯组砂岩,下白垩统营城组火山岩,第四纪沉积,除哲斯组规模较小外,其余地层分布面积均较大。推断重力高异常为出露及隐伏的新元古界机房沟岩组及哲斯组引起。

南部重力高异常比北部的明显降低,剩余重力异常最大值一般在 $3×10^{-5}$ m/s² 左右。南部地表出露有大面积下三叠统芦家屯组砂岩、泥岩地层。推断异常为下三叠统芦家屯组及古生代基底隆起综合引起。

区西边界有一处向西未封闭重力高异常,剩余重力异常大于 $6×10^{-5}$ m/s²,强度比南部大,与北部的接近,推断为隐伏的新元古界机房沟岩组引起。

区内重力低异常为下白垩统营城组火山岩、第四纪沉积地层,即由中生代—新生代火山沉积、正常沉积盆地引起。

牛头山火山热液型萤石矿床处于中生代—新生代火山及正常沉积盆地的下白垩统营城组中酸性火山岩、碎屑岩地层中,即处于中生代—新生代火山及正常沉积盆地引起的重力低异常区中。营城组火山岩的中等强度磁异常区内低缓弱异常带反映了控矿构造。这种重磁场特征可作为本区火山热液型萤石矿床的地球物理找矿标志。

3.明城预测工作区

区内西北部分布有一处片状重力高异常。东北部分布有一北北西走向的带状异常,其北西段宽,向南东方向逐渐变窄,并有一向南西方向的分支。地表主要出露晚古生代地层:下石炭统鹿圈屯组、磨盘山组,上石炭统—下二叠统石嘴子组,中二叠统寿山沟组。因此,重力高异常区带主要与出露、半隐伏的晚古生代地层及早古生代基底隆起有关。

西南部、南部两处较大面积的重力低异常,与广泛分布的燕山期中侏罗世花岗闪长岩、二长花岗岩、正长花岗岩有关。

本区东部的南北走向狭窄重力低异常为中、新生代沉积盆地的反映。

区内燕山期酸性侵入体侵入下石炭统鹿圈屯组和下侏罗统南楼山组,岩体与成矿作用关系密切,为南梨树中型萤石矿床形成的直接母岩。酸性侵入体表现为重力低异常,热液蚀变、矿化饰变使岩石磁性降低。因此,本区南梨树萤石矿床地球物理找矿标志为重力低异常、磁力低异常。

第二节 磁 测

一、技术流程

根据预测工作区预测底图确定的范围,充分收集区域内的1:20万航磁资料,以及以往的相关资料,在此基础上开展预测工作区1:5万航磁相关图件编制,之后开展相关的数据解释,以满足预测工作对航磁资料的需求。

二、资料应用

应用收集了19份1:10万、1:5万、1:2.5万航空磁测成果报告,以及1:50万航磁图解释说明书等成果资料。根据中国地质调查局自然资源航空物探遥感中心提供的吉林省2km×2km航磁网格数据和1957—1994年间航空磁测1:100万、1:20万、1:10万、1:5万、1:2.5万共计20个测区的航磁剖面数据,充分收集应用预测工作区的密度参数、磁参数、电参数等物性资料。对预测工作区和典型矿床所在区域进行研究时,主要使用1:5万资料,部分使用1:10万、1:20万航磁资料。

三、数据处理

在预测工作区,编图全部使用全国项目组下发的数据,按航磁技术规范,采用RGIS和Surfer软件网格化功能完成数据处理。采用最小曲率法,网格化间距一般为1:4~1:2测线距,网格间距分别为150m×150m、250m×250m。然后应用RGIS软件位场数据转换处理,编制1:5万航磁剖面平面图、航磁ΔT异常等值线平面图、航磁ΔT化极等值线平面图、航磁ΔT化极垂向一阶导数等值线平面图、航磁ΔT化极水平一阶导数(0°、45°、90°、135°方向)等值线平面图,航磁ΔT化极上沿不同高度处理图件。

四、磁异常分析及磁法推断地质构造特征

1.一拉溪预测工作区

本区南部使用1972年1∶5万航磁资料，北部使用1959年1∶10万航磁资料。南部低缓正磁异常区上叠加有众多梯度陡、强度高、形态不规则的局部强磁异常，西侧的异常呈北东、北北东走向分布，东侧异常呈不规则片状。异常大部分由上三叠统四合屯组和下侏罗统玉兴屯组、南楼山组的安山岩、凝灰岩、安山质火山碎屑岩引起。少数异常由侏罗纪花岗闪长岩、二长花岗岩，早白垩世花岗斑岩引起，有一处根据航磁报告中的异常评述，推断为隐伏的基性辉长岩引起。

北部一处为已知小绥河铬铁矿超基性岩体异常，另一处吉C1-1959-100航磁异常，地表有蛇纹岩出露，推断为半隐伏超基性岩体异常。

矿床处于西部低缓正磁异常区与东部较强正磁异常带之间的北东走向梯度带附近，该梯度带在矿床处沿东西向产生错动。一拉溪热液充填交代型银矿床产于一拉溪组上段泥质板岩夹灰岩岩层之中，矿体的直接围岩是灰岩及泥质板岩。燕山期中酸性岩体控制矿体产出。

上二叠统一拉溪组上段板岩夹灰岩地层表现为负磁异常，燕山期中酸性岩体表现为正磁异常，正、负磁异常间线性梯度带产生错动表明断裂构造发生错断。这些特征可作为磁法寻找热液充填交代型萤石矿床的找矿标志。

2.其塔木预测工作区

大部分地区使用1990年1∶5万航磁资料，仅东部小部分区域使用1959年1∶10万航磁资料。

区内大面积低缓正磁异常区上叠加有众多形态不规则的局部强磁异常。异常呈零散跳动状态分布，强度高，梯度陡，有北东走向条带状异常，规模较大的片状异常，规模较小的等轴状孤立异常。

异常大部分由下白垩统营城组火山岩引起，少数异常由上三叠统四合屯组火山岩引起。火山岩岩性主要为安山岩、凝灰岩、安山质火山碎屑岩。有5处异常由燕山期早侏罗世正长花岗岩、早白垩世花岗斑岩引起，有1处为半隐伏基性辉长岩引起，异常相对低缓。有8处中酸性岩体与地层接触带的磁性蚀变带异常。

牛头山火山热液型萤石矿床处于下白垩统营城组中酸性火山岩、碎屑岩引起的中等强度火山岩异常西侧的北东走向低缓异常带中。营城组为含矿层位，低缓异常带反映了控矿构造。火山岩强磁异常中的弱磁异常带，为本区火山热液型萤矿的找矿标志。

3.明城预测工作区

区内西北部吉昌—烟筒山一带分布有较大规模的正磁异常，整体呈北东向片状展布，强度中等，一般为60~140nT，最大值大于220nT。地表出露大面积下石炭统鹿圈屯组砂岩夹灰岩，下—中石炭统磨盘山组灰岩，上三叠统大酱缸组砂岩、砂板岩等沉积地层。中侏罗世二长花岗岩、早白垩世花岗斑岩等侵入岩体出露面积相对较小。推断正磁异常主要为半隐伏的燕山期二长花岗岩、花岗斑岩等酸性侵入体引起。沉积地层对应的负磁异常围绕片状正磁异常周围分布。

东北部官马—烟筒山一带分布有由中等以上规模复杂变化的局部正磁异常组成的异常群，被较明显的负磁异常区包围。各局部正磁异常形态多样，梯度陡，强度高，峰值凸显，异常走向不一，以北东走向居多，最大值大于840nT，正、负磁异常变化迅速，反映出典型火山岩的磁场特征。与地表下侏罗统南楼山组安山质凝灰角砾岩、凝灰岩安山质集块岩及碎斑熔岩分布范围较为吻合。火山岩异常群东侧有1处与中侏罗世石英闪长岩、二长花岗岩有关的北北东走向条带状异常分布，其强度明显降低，整体上

变缓。

西北部与东北部较大规模的燕山期酸性侵入体异常、下侏罗统南楼山组火山岩异常,整体呈北东向展布,正磁异常边部梯度较陡,有几处出现北东向线性梯度带及不同场区分界线特征。这些磁场特征,反映出北部地区岩浆活动明显受北东向燕山期构造活动控制。

中部以波动变化负磁异常区为显著特征,但异常波动变化幅度不大,主要为上古生界鹿圈屯组、磨盘山组、石嘴子组等沉积地层及中侏罗世正长花岗岩引起。负磁异常区内吉昌—余庆一带分布有规模较小的正磁异常,地表分布有大面积中侏罗世正长花岗岩,晚古生代沉积地层零星分布,一般规模不大,这些正磁异常多为岩体与地层接触带的矽卡岩、角岩异常。其中,吉C1-1972-51航磁异常为已知吉昌矽卡岩型铁矿异常,吉C1-1972-51航磁异常为已知吉昌矽卡岩型铁矿异常,吉C1-1972-52航磁异常为已知铁矿异常,吉C1-1972-55航磁异常矽卡岩、角岩与铁矿有关,吉C1-1972-87航磁异常为角岩异常。

本区南部分布的中等规模的正磁异常,主要由中侏罗世花岗闪长岩、二长花岗岩、花岗斑岩、石英闪长岩引起,异常以北西向、北西西向为主,少数为东西向。磐双接触带这一区域性大断裂在本区西南角沿北西西向穿过,其南北两侧燕山期侵入岩体及接触带异常受其影响,多沿北西向、北西西向展布。

区内有南梨树热液充填交代型萤石矿床一处,与萤石矿有关的建造为燕山期(火山)侵入岩建造、沉积碳酸盐岩建造,即古生界磨盘山组中赋存萤石矿产,在磁场上表现为负磁异常。

第三节 化 探

一、技术流程

由于该区域仅有1∶20万化探资料,所以用该数据进行数据处理,编制地区化学异常图,将图件再扩编到1∶5万。

二、资料应用情况

应用1∶5万或1∶20万化探资料。

三、化探资料应用分析、化探异常特征及化探地质构造特征

1.一拉溪预测工作区

应用1∶20万化探数圈出3处F元素异常。其中,1号异常具有清晰Ⅲ级分带和明显的浓集中心,规模较大,显示的面积为93km^2,异常强度为646×10^{-6},呈面状分布,向北未封闭。

矿床所在区域有SiO_2的外带异常显示,呈高度的负相关性。F、Y、Pb、CaO对金家屯萤石矿不支持,以分散状态分布在典型矿床的外围。

2.其塔木预测工作区

应用1∶20万化探数据圈出3处F元素异常,以Ⅱ级分带为主,向东未封闭。

与F存在叠合现象的有Y、SiO_2、Zn。其中,SiO_2分布在F的外带,显示与萤石呈负相关性;Y、Zn与F交合比较紧密,是萤石矿床中常见的伴生元素。

与萤石矿相关的有益组分F、CaO,对牛头山萤石矿不支持,而Y、Pb、SiO_2、Zn均分布在萤石矿的外围区域。

该工作区化探异常信息对指示萤石矿的寻找与预测效果是有限的,岩浆活动和构造裂隙是成矿的主要因素,也是找矿的重要标志。

3.明城预测工作区

应用1:20万化探数据圈出4个F元素异常,均具有清晰的Ⅲ级分带和明显的浓集中心,强度为$561×10^{-6}$,呈条带状分布,有北西向延伸的趋势。与F空间套合紧密的元素(氧化物)有CaO、Y、Pb、Zn、SiO_2。

第四节 遥 感

一、技术流程

利用MapGIS将该幅*.Geotiff图像转换为*.msi格式图像,再通过投影变换,将其转换为1:5万比例尺的*.msi图像。

利用1:5万比例尺的*.msi图像作为基础图层,填加该区的地理信息及辅助信息,生成鸭园—六道江地区沉积型磷矿1:5万遥感影像图。

利用Erdas Imagine遥感图像处理软件将处理后的吉林省东部ETM遥感影像镶嵌图输出为*.Geotiff格式图像,再通过MapGIS软件将其转换为*.msi格式图像。

在MapGIS支持下,调入吉林省东部*.msi格式图像,在1:25万精度的遥感特征解译基础上,对吉林省各矿产预测类型分布区进行空间精度为1:5万的矿产地质特征与近矿找矿标志解译。

利用B_1、B_4、B_5、B_7四个波段对应的准归一化校正数据或无损失拉伸数据进行主成分分析,第四主成分存储于14通道中,对其分三级进行异常切割,一般情况一级异常$K\sigma$取3.0,二级异常$K\sigma$取2.5,三级异常$K\sigma$取2.0,个别情况$K\sigma$值略有变动,经过分级处理的3个级别的铁染异常分别存储于16~18通道中。

利用B_1、B_3、B_4、B_5四个波段对应的准归一化校正数据或无损失拉伸数据再次进行主成分分析,第四主成分存储于15通道中,对其分三级进行异常切割,一般情况一级异常$K\sigma$取2.5,二级异常$K\sigma$取2.0,三级异常$K\sigma$取1.5,个别情况$K\sigma$值略有变动,经过分级处理的3个级别的铁染异常分别存储于19~21通道中。

二、资料应用情况

利用全国项目办提供的2002年09月17日接收的117/31景ETM数据经计算机录入、融合、校正形成的遥感图象。利用全国项目办提供的吉林省1:25万地理底图提取制图所需的地理部分,参考吉林省区域地质调查所编制的《吉林省1:25万地质图》和《吉林省区域地质志》。

三、萤石矿的遥感特征

(一)其塔木预测工作区

吉林省其塔木地区牛头山式火山热液型萤石矿预测工作区遥感特征与近矿找矿标志解译图,共解译线要素36条,为遥感断层要素,环要素9个,色要素2块。

预测区内线要素为遥感断层要素。在遥感断层要素解译中按断裂的规模、切割深度、断裂对地质体的控制程度,结合已知的地质资料,依次划分为大型、中型和小型3类。

本预测工作区内解译出1条大型断裂带,为四平-德惠岩石圈断裂,是松辽平原与大黑山条垒分界线,即"松辽盆地东缘断裂",沿此断裂古新世早期玄武岩浆喷发活动强烈,形成如范家屯平顶山、尖山和大屯富峰山、小南山等火山锥。

本预测区内的小型断裂比较发育,并且以北东向和北西向为主,其中的北西向及北北西向小型断裂多为正断层,形成时间较晚,多错断其他方向的断裂构造,其他方向的小型断裂多为逆断层,形成时间明显早于北西向断裂。

本预测工作区内的环形构造比较发育,共圈出9个环形构造。它们主要集中于不同方向断裂交会部位。按成因类型分为3类,其中与中生代花岗岩类引起的环形构造1个,火山机构或火山通道引起的环形构造1个,与隐伏岩体有关的环形构造7个。

本预测区内共解译出色调异常2处,为绢云母化、硅化引起,在遥感图像上均显示为浅色色调异常。从空间分布上看,区内的色调异常明显与断裂构造及环形构造有关,在北东向断裂带上及北东向断裂带与其他方向断裂交会部位以及环形构造集中区,色调异常呈不规则状分布。

(二)明城预测工作区

吉林省明城地区南梨树式热液充填交代型萤石矿预测工作区遥感特征与近矿找矿标志解译图,共解译线要素327条,全部为感断层要素,环要素132个。圈出最小预测区3处。图幅内线要素全部为遥感断层要素。在遥感断层要素解译中按断裂的规模、切割深度、断裂对地质体的控制程度,结合已知的地质资料,依次划分为大型、中型和小型3类。本预测工作区内解译出2条大型断裂(带),分别为四平-德惠岩石圈断裂、依兰-伊通断裂带。

四平-德惠岩石圈断裂:呈北东向,为松辽平原与大黑山条垒分界线,即"松辽盆地东缘断裂",沿此断裂古新世早期玄武岩浆喷发活动强烈,形成如范家屯平顶山、尖山和大屯富峰山、小南山等火山锥。

依兰-伊通断裂带:呈北东向,为近于平行的两组断裂组成,西侧断裂位于伊通—乌拉街槽地西缘与大黑山条垒交界,东侧断裂为伊通—乌拉街槽地东缘,两条断裂间的狭长槽地中堆积巨厚的新生代陆相碎屑岩。断裂带两侧的老地层和侵入岩向新生代槽地仰冲,槽地下降而接受新生代沉积物。

本预测工作区内解译出1条中型断裂(带),为双阳—长白断裂带。呈北西向,双阳盆地、烟筒山西的晚三叠世盆地、明城东的中侏罗世盆地和石咀东的中侏罗世盆地等沿断裂带分布,北段西南侧七顶子—磐石一带燕山早期的花岗岩体和基性岩体群,中段石咀红旗岭、黑石一带众多的燕山早期花岗岩小岩株和华力西期基性—超基性岩体群均沿此断裂带呈北西向展布。

本预测工作区内的小型断裂比较发育,预测区内的小型断裂以北东向、北北东向和北西向为主,北北东向、北北西向、东西向和南北向次之,局部见北东东向、北西西向和北西向小型断裂,其中北西向断裂多表现为张性特点,其他方向断裂多表现为压性特征。区内的铁矿、金多金属矿床、点多分布于不同方向小型断裂的交会部位。

第五节 自然重砂

一、技术流程

按照自然重砂基本工作流程,在矿物选取和重砂数据准备完善的前提下,根据《重砂资料应用技术要求》,应用本省1:20万重砂数据制作吉林省自然重砂工作程度图、自然重砂采样点位图,以选定的20种自然重砂矿物为对象,相应制作重砂矿物分级图、有无图、等量线图、八卦图,并在这些基础图件的基础上,结合汇水盆地圈定自然重砂异常图、自然重砂组合异常图,进行异常信息的处理。

预测工作区重砂异常图的制作仍然以吉林省1:20万自然重砂数据为基础数据源,以预测工作区为单位制作图框,截取1:20万重砂数据制作单矿物含量分级图,在单矿物含量分级图的基础上,依据单矿物的异常下限绘制预测工作区自然重砂异常图。

预测工作区矿物组合异常图是在预测工作区单矿物异常图的基础上,以预测工作区内存在的典型矿床或矿点所涉及到的重砂矿物选择矿物组合,将工作区单矿物异常空间套合较好的部分以人工方法进行圈定,制作预测工作区矿物组合异常图。

二、资料应用情况

预测工作区自然重砂基础数据,主要源于全国1:20万的自然重砂数据库。本次工作对吉林省1:20万自然重砂数据库的重砂矿物数据进行了核实、检查、修正、补充和完善,重点针对参与重砂异常计算的字段值,包括重砂总重量、缩分后重量、磁性部分重量、电磁性部分重量、重部分重量、轻部分重量、矿物鉴定结果进行核实检查,并根据实际资料进行修整和补充完善。数据评定结果质量优良,数据可靠。

三、自然重砂异常及特征分析

一拉溪预测工作区、其塔木预测工作区、明城预测工作区萤石重砂异常没有反应,找矿指示作用有限。

第八章 矿产预测

第一节 矿产预测方法类型及预测模型区选择

（一）划分的预测类型

吉林省萤石矿的矿产预测类型有热液充填交代型、火山热液型，对应的预测方法类型为层控内生型、火山岩型，详见表8-1-1。

（二）模型区的选择

每个预测工作区内选择典型矿床所在的最小预测区为模型区，预测工作区无典型矿床的参照成因类型相同、成因时代相同或相近的其他预测工作区，见表8-1-1。

表8-1-1 吉林省萤石矿预测类型工作区分布表

序号	预测工作区名称	预测类型	预测方法类型	模型区名称	模型区重要建造	预测资源量方法
1	一拉溪	金家屯式热液充填交代型	层控内生型	金家屯模型区	上二叠统一拉溪组上段泥质板岩夹灰岩＋构造＋矿化信息	地质体积
2	其塔木	牛头山式火山热液型	火山岩型	牛头山模型区	酸性火山岩＋构造＋矿化信息	地质体积
3	明城	南梨树式热液充填交代型	层控内生型	南梨树模型区	燕山早期石英正长斑岩＋鹿圈屯组凝灰岩、泥质灰岩、硅质岩＋构造＋矿化信息	地质体积

（三）成矿预测要素图编图重点

在矿床成矿要素图基础上增加矿区大比例尺物探、化探异常资料、其他找矿标志，编制物探化探找矿模式图、矿床预测要素图。

在典型矿床预测要素图基础上依据典型矿床所在位置区域地质资料，区域物探、化探、遥感、自然重砂异常特征分析资料，典型矿床外围或矿田范围内矿产资料，建立模型区预测模型，编制模型区预测要素图。要求全部表达构造，成矿（矿田）构造，矿产特征，成矿作用特征，物探、化探、遥感推断地质构造特征，物探、化探、遥感、自然重砂异常，以及其他找矿标志等预测要素内容。

矿区和模型区的关系：矿区范围为矿床形成的自然边界，是典型矿床研究工作的核心区，但是可能有局限，因此把预测工作区中典型矿床所在位置的区域范围（或矿田）称为预测模型区，其范围应能全面反映该矿床成矿有关的地质特征、成矿构造特征、矿产（组合）特征、成矿作用特征，以及典型矿床所在位置的区域地质构造特征、区域物探、化探、遥感、自然重砂异常，及其他找矿标志特征。

1.一拉溪预测工作区

用1：5万一拉溪综合建造构造图作为底图。首先，重点突出与时空定位有关的控矿要素、矿床（矿点和矿化点）、矿化蚀变信息、含矿体及矿区大比例尺物探、化探异常资料、其他找矿标志。其次，为航磁、重力信息、重砂信息表示，主图外附加模型区化探剖面图，能够直观地反映该预测类矿床空间分布特征和预测信息。

2.其塔木预测工作区

用1：5万其塔木火山建造构造图作为底图。首先，重点突出与时空定位有关的控矿要素、矿床（矿点和矿化点）、矿化蚀变信息、含矿地质体及矿区大比例尺物探化探异常资料、其他找矿标志。其次，为航磁、重力信息、自然重砂信息表示，主图外附加模型区化探剖面图，能够直观地反映该预测类矿床空间分布特征和预测信息。

3.明城预测工作区

用1：5万南梨树综合建造构造图作为底图。首先，重点突出与时空定位有关的控矿要素、矿床（矿点和矿化点）、矿化蚀变信息、含矿体及矿区大比例尺物探化探异常资料、其他找矿标志。其次，为航磁、重力信息、自然重砂信息表示，主图外附加模型区化探剖面图，能够直观地反映该预测类矿床空间分布特征和预测信息。

第二节 矿产预测模型与预测要素图编制

一、典型矿床预测要素与典型矿床预测模型

金家屯萤石矿床预测要素见表8-2-1。

表 8-2-1　金家屯萤石矿床预测要素表

预测要素		内容描述	类别
地质条件	岩石类型	一拉溪组石灰岩、泥质板岩及硅质岩石，燕山期闪长岩	必要
	成矿时代	燕山期	重要
	成矿环境	矿床赋存于上古生界上二叠统一拉溪组上段泥质板岩夹灰岩层位中，区内侵入岩为海西期闪长岩及脉岩，矿体主要产于层间破碎带内	必要
	构造背景	大地构造位置位于吉林省晚三叠世—新生代构造单元分区，东北叠加造山-裂谷系（Ⅰ$_1$）、小兴安岭-张广才岭叠加岩浆弧（Ⅱ$_3$）、张广才岭-哈达岭火山-盆地区（Ⅲ$_3$）、南楼山-辽源火山-盆地群（Ⅳ$_4$）内。矿体产于层间破碎带最发育的地段，是不同岩性交接带以及岩层产状发生较大转折的部位	重要
矿床特征	控矿条件	地层控矿：灰岩、泥质板岩及硅质岩石为控矿岩石； 构造控矿：层间破碎带，不同岩性交接带以及岩层产状发生较大转折的部位； 岩体控矿：燕山期中酸性岩体提供热量与成矿物质	必要
	蚀变特征	围岩蚀变主要有硅化、高岭土化、碳酸盐化、褐铁矿化、萤石化、黄铁矿化及绢云母化等；硅化主要分布于矿体及其两侧，两侧厚一般为 1m 左右，硅化发育地段生成一些石英细脉，岩石硬度增大，硅化蚀变与矿体紧密共生，其生成严格受构造控制。萤石化主要分布于矿体两侧围岩中，多呈细脉状，宽一般 5m 左右，属热液交代近矿围岩蚀变	重要
	矿化特征	矿区矿化呈南北向带状展布，长 700m，宽 200m，矿体主要赋存于上二叠统一拉溪组上段，围岩是灰岩及泥质板岩。共有 4 条矿体，其中 1 号矿体为主矿体，其余 3 条为主矿体上盘围岩中的小矿体。主矿体厚 10.12m，其余小矿体合计厚度 4.39m	重要
综合信息	地球化学	萤石地球化学异常没有反应，找矿指示作用有限	次要
	地球物理	在 1∶5 万航磁异常等值线图上，矿床处负异常等值线沿北西向错动部位，负磁场区东侧有较强的正磁异常沿北东向排布，推测由燕山期中酸性岩和侏罗统玉兴屯组安山岩、安山质凝灰角砾岩、安山质凝灰熔岩引起。西部低缓的正、负磁场区为古生界和伊通-舒兰断陷盆地引起； 物性参数特征：矿区内各类岩（矿）石有明显电性差异，微晶灰岩电阻率达到 10 300Ω·m 属极高阻；萤石矿电阻率 4637Ω·m 为高阻；板岩和角砾岩电阻率均不超过 200Ω·m，属中低阻； 视电阻异常特征：微晶灰岩和萤石矿的均为高视电阻异常反应，而峰值降低及异常曲线拐点，主要是较缓一侧的拐点范围内往往是萤石矿引起的异常； 中子活化测井：萤石矿（CaF_2）含量与 γ 计数率值成正比，具线性关系	次要
	重砂	萤石重砂异常没有反应，找矿指示作用有限	次要
找矿标志		泥质岩与灰岩交接带处的层间破碎带构造角砾岩发育； 深大断裂边缘次一级断裂分支； 萤石化、硅化、绢云母化及高岭土化发育； 燕山期中酸性岩体； 地球物理电测异常高阻带，在覆盖区用电阻率方法追索矿脉，并使用中子活化测井确定矿层品位和深度、厚度	重要

金家屯萤石矿所在地区地质矿产及物探剖析图，见图 8-2-1。

金家屯萤石矿地质矿产、地球化学综合预测模图，见图 8-2-2。

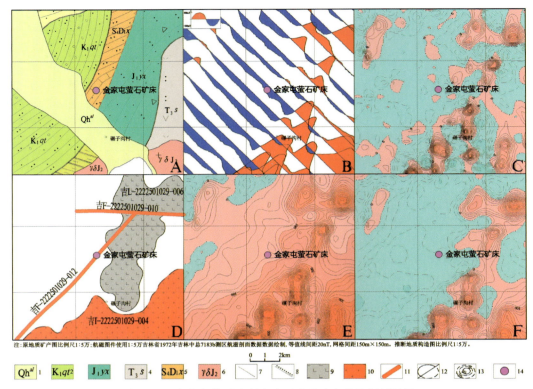

图 8-2-1　金家屯萤石矿所在地区地质矿产及物探剖析图

A.地质矿产图；B.航磁 ΔT 剖面平面图；C.航磁 ΔT 化极垂向一阶导数等值线平面图；D.航磁推断地质构造图；E.航磁 ΔT 化极等值线平面图；F.航磁 ΔT 等值线平面图；

1.全新世；2.泉头组；3.玉兴屯组；4.四合屯组；5.西别河组；6.中侏罗纪花岗闪长岩；7.整合岩层界线；8.角度不整合岩层界线；9.磁法推断火山岩地层；10.磁法推断酸性岩体；11.磁法推断断裂构造及注记；12.磁法推断出露、隐伏、半隐伏地质界线；13.航磁异常零值线及注记、航次异常正等值线及注记、航次异常负等值线及注记；14.萤石矿

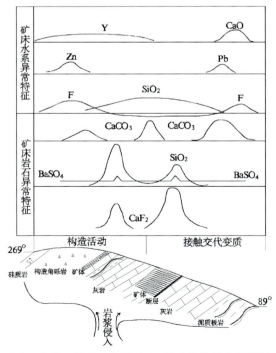

图 8-2-2　金家屯萤石矿地质矿产、地球化学综合预测模型图

南梨树萤石矿床预测要素见表 8-2-2。

表 8-2-2　南梨树萤石矿床预测要素表

预测要素		内容描述	类别
地质条件	岩石类型	燕山早期石英正长斑岩，鹿圈屯组凝灰岩、灰岩、泥质灰岩	必要
	成矿时代	燕山早期	重要
	成矿环境	所属成矿区带为山河-榆木桥子金、银、钼、铜、铁、铅、锌成矿带（Ⅳ）、石咀-官马金、铁、铜找矿远景区（Ⅴ）。石英正长斑岩为萤石矿床形成的直接母岩。鹿圈屯组灰岩、变质砂岩、硅质岩、凝灰岩与矿产关系密切，是矿体直接围岩	必要
	构造背景	大地构造位置位于天山-兴蒙-吉黑造山带（Ⅰ$_1$）、包尔汉图-温都尔庙弧盆系（Ⅱ$_6$）、下冶-呼兰-伊泉陆缘岩浆弧（Ⅲ$_4$）、盘桦上叠裂陷盆地（Ⅳ$_5$）。梨树沟断裂次一级的北西向和北东向两组断裂既是控矿构造，也可以破坏矿体	重要
矿床特征	控矿条件	构造控矿：构造运动产生的次一级北西、北东构造破碎带既为容矿构造，也为控矿构造； 岩体控矿：燕山早期石英正长斑岩为控矿岩体； 地层控矿：矿体围岩主要为鹿圈屯组凝灰岩控矿	必要
	蚀变特征	主要有萤石化、褐铁矿化、硅化及碳酸盐化，偶见黄铁矿化。其中，硅化与萤石矿化关系密切。萤石化处一般硅化较强	重要
	矿化特征	南梨树萤石矿Ⅰ号矿化带呈带断续出露，矿带长 500m，宽 60～200m，走向 320°～340°，矿带内赋存矿体以北西向为主，北东向次之。矿体呈脉状、透镜状，沿走向具舒缓波状，局部可见分支、复合及膨胀萎缩现象，沿倾向具逐渐变窄趋势。矿体顶板为凝灰岩，底板主要为石英正长斑岩，局部为凝灰岩，其他矿体赋存于灰岩、泥质灰岩层间构造破碎带中，少数矿体产于石英正长斑岩体中。矿体夹石主要为流纹质凝灰岩，局部含角砾岩，矿物成分以长石、石英晶屑、火山灰为主	重要
综合信息	地球化学	1∶20 万化探异常显示，明城预测工作区 2 号 F 元素异常与矿床依存关系紧密，矿致性质比较明显。该异常具三级分带，浓集中心较小，峰值 593×10^{-6}，面积为 12.7km^2，呈不规则状，具东西向展布的趋势，是找矿的主要指示元素。CaO、Pb 异常主要分布在矿床的外围区域，与矿床关系呈弱势关系。由于二者与萤石呈负相关性，因此，CaO、Pb 在矿床所在区域的低背景状态下可指示萤石的富集，同样具有不可忽视的找矿指示意义。SiO$_2$ 与萤石呈反消长关系	次要
	地球物理	在 1∶5 万航磁异常等值线图上，矿床处于大面积略起伏波动负磁场区内。石炭系鹿圈屯组和印支期中酸性侵入岩均显示负磁异常特征，磐-双接触带和矿床在航磁负场区内无异常显示	次要
	重砂	萤石重砂异常没有反应，找矿指示作用有限	次要
找矿标志		吉昌-土顶子褶皱带南延花岗斑岩、石英正长斑岩，与鹿圈屯组的外接触带是找矿有利地段； 北西向和东向构造破碎带是找矿的有利部位； 石英正长斑岩中的碳酸盐捕虏体往往形成规模不等的萤石矿体； 硅化、碳酸盐化、萤石化发育地段是直接的找矿标志	重要

南梨树萤石矿所在地区地质矿产及物探剖析图，见图 8-2-3。

南梨树萤石矿地质矿产、地球化学综合预测模图，见图 8-2-4。

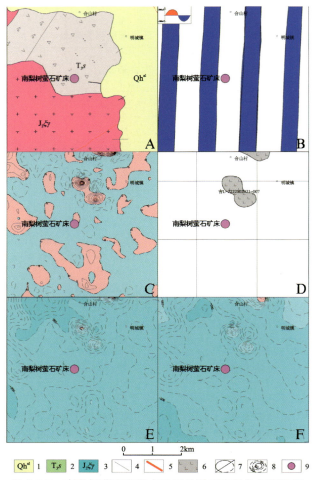

图 8-2-3 南梨树萤石矿所在地区地质矿产及物探剖析图

A.地质矿产图;B.航磁 ΔT 剖面平面图;C.航磁 ΔT 化极垂向一阶导数等值线平面图;D.航磁推断地质构造图;E.航磁 ΔT 化极等值线平面图;F.航磁 ΔT 等值线平面图;

1.全新统冲积物;2.四合屯租;3.中侏罗世正长花岗岩;4.整合地质界限;5.性质不明断层;6.磁法推断火山岩地层;7.磁法推断出露、隐伏、半隐伏地质界线;8.航磁异常零值线及注记、航次异常正等值线及注记、航次异常负等值线及注记;9.萤石矿

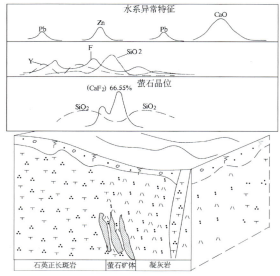

图 8-2-4 南梨树萤石矿地质矿产、地球化学综合预测模型图

牛头山萤石矿床预测要素见表 8-2-3。

表 8-2-3　牛头山萤石矿床预测要素表

预测要素		内容描述	类别
地质条件	岩石类型	流纹岩、花岗质碎屑岩、花岗岩	必要
	成矿时代	燕山期	重要
	成矿环境	所属成矿区带为兰家-八台岭金、铁、铜、银成矿带（Ⅳ$_3$）。Ⅴ八台岭-上河湾金、银、铜、铁找矿远景区（Ⅴ$_{5-6}$）。矿床赋存于上古生界上二叠统一拉溪组上段泥质板岩夹灰岩层位中。区内侵入岩为海西期闪长岩及脉岩，矿体主要产于层间破碎带内	必要
	构造背景	大地构造位置位于东北叠加造山-裂谷系（Ⅰ$_1$）、小兴安岭-张广才岭叠加岩浆弧（Ⅱ$_3$）、张广才岭-哈达岭火山-盆地区（Ⅲ$_3$）、大黑山条垒火山-盆地群（Ⅳ$_2$）。北东向的九台-其塔木断层和北西向的上河弯-桃山断层，既为容矿构造，亦为控矿构造	重要
矿床特征	控矿条件	构造控矿：受大断层运动产生的次一级南北向破裂，既为容矿构造，亦为控矿构造，为直接找矿标志； 侵入岩控矿：燕山期四楞山花岗霏细岩提供成矿物质及热源，为控矿岩体； 地层控矿：下白垩统营城子组提供成矿物质，为控矿、赋矿地层。流纹岩、花岗质碎屑岩为主要围岩	必要
	蚀变特征	矿区内围岩蚀变类型主要为硅化、高岭土化、萤石化、黄铁矿化等	重要
	矿化特征	萤石矿化一般在主脉附近数米内，不超过 10m。钻孔及深槽资料表明萤石矿化主要在Ⅰ号脉下盘。矿脉围岩在矿区北面为流纹岩或黑色角砾岩及花岗质碎屑岩，凝灰质砂岩以及安山玢岩，南面则主要是凝灰质砂岩及部分花岗质岩。在上、下盘均为流纹岩或黑色角砾岩时，矿脉为规整板状，接触面平直，厚度变化小而稳定（厚度也较小）；插于凝灰质砂岩或花岗质粗砂岩中的矿脉，厚度变化较大，局部形状复杂不规则，分支较多	重要
综合信息	地球化学	主要组分F、CaO主要分布在矿床外围，对典型矿床不支持，可用于外围预测	次要
	地球物理	在 1∶5 万航磁异常等值线图及化极等值线图上，矿床处于大面积低缓正磁场区内。萤石矿西南部出露的下白垩统营城组中酸性火山岩、碎屑岩为含矿层位，可引起一定强度的磁异常；而北部、东部出露大面积下白垩统泉头组泥岩、砂岩、砾岩及第四纪沉积地层，南临水库表现出大面积低缓正磁异常特征	次要
	重砂	萤石重砂异常没有反应，找矿指示作用有限	次要
找矿标志		燕山期四楞山花岗霏细岩为直接找矿标志； 下白垩统营城子组地层为直接找矿标志，流纹岩、花岗质碎屑岩接触部位为成矿有利部位； 北东向、北西向大断裂交会部位为找矿有利部位； 物探营城子组火山地层磁力高梯度带为间接找矿标志	重要

牛头山萤石矿所在地区地质矿产及物探剖析图,见图 8-2-5。

牛头山萤石矿地质矿产、地球化学综合预测模图,见图 8-2-6。

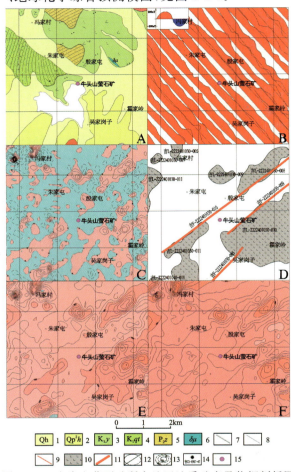

图 8-2-5　牛头山萤石矿所在地区地质矿产及物探剖析图

A.地质矿产图;B.航磁 ΔT 剖面平面图;C.航磁 ΔT 化极垂向一阶导数等值线平面图;D.航磁推断地质构造图;E.航磁 ΔT 化极等值线平面图;F.航磁 ΔT 等值线平面图;

1.全新统;2.中更新统;3.营城组;4.泉头组;5.哲斯组;6.闪长玢岩;7.实测角度不整合界线;8.实测地质界线;9.实测性质不明断层;10.磁法推断火山岩地层;11.磁法推断断裂构造;12.磁法推断出露、隐伏、半隐伏地质界线;13.航磁异常零值线及注记、航磁异常正等值线及注记、航磁异常负等值线及注记;14.航磁异常点及注记;15.萤石矿

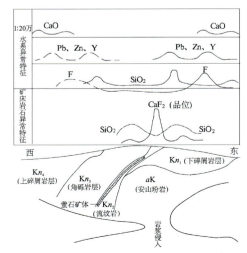

图 8-2-6　牛头山萤石矿地质矿产、地球化学综合预测模型

二、预测要素图编制及解释和预测工作区预测模型

1.编制区域成矿要素图

首先按照矿产预测方法类型并确定预测底图。预测工作区为火山岩型及与火山作用有关的矿产以火山岩性岩相图为预测底图,海相火山岩型矿床如无法识别火山机构时则以沉积建造古构造图为底图,预测地段复原到沉积建造构造图上;层控"内生"型,与侵入作用与时空定位有关,受特定层位控制的矿产,以大地构造相图为底图,并突出表示特定地层或建造。

2.编制地质构造基础预测底图

编制地质构造基础类预测底图过程中需充分应用重磁、遥感、化探推断解释资料。编制同比例尺重磁、遥感、化探、推断解译地质构造图,对于隐伏侵入体,火山机构、隐伏或隐蔽构造、盆地基底构造,应进行定量反演,大致确定隐伏侵入体的埋深、成矿侵入体的三维形态变化,为预测提供依据。

3.预测要素图编制

预测要素图按照矿产预测类型编制,具体如下。
(1)以预测底图为基础。
(2)在底图上突出标明与成矿有关的地质内容。
(3)图面标明全部矿床、矿点、矿化线索、采矿遗迹、蚀变等有关内容。
(4)综合分析成矿地质作用、成矿构造、成矿特征等内容,确定区域成矿要素及其区域变化特征。
(5)叠加重磁、遥感、化探推断解释资料。
(6)在研究区范围内,可以根据区域成矿要素的空间变化规律进行分区。
(7)比例尺大于1∶5万或1∶25万。

根据上述预测工作区地质及物探、化探、遥感、重力信息成矿规律研究,编制预测工作区预测要素表,根据预测工作区预测要素建立预测模型。

吉林省一拉溪预测工作区层控内生型萤石矿预测要素,见表8-2-4。
吉林省其塔木预测工作区火山岩型萤石矿预测要素,见表8-2-5。
吉林省明城预测工作区层控内生型萤石矿预测要素,见表8-2-6。
金家屯萤石矿典型矿床所在区域地质矿产及物探剖析图,见图8-2-7。
牛头山萤石矿典型矿床所在区域地质矿产及物探剖析图,见图8-2-8。
南梨树萤石矿典型矿床所在区域地质矿产及物探剖析图,见图8-2-9。

表 8-2-4 吉林省一拉溪预测工作区层控内生型萤石矿预测要素

预测要素		内容描述	类别
岩石类型		一拉溪组灰岩、泥质板岩及硅质岩石、燕山期闪长岩	必要
成矿时代		燕山期	重要
成矿环境		位于张广才岭-哈达岭火山-盆地区至南楼山-辽源火山-盆地群。古生界磨盘山组与燕山期花岗闪长岩和二长花岗岩接触带中赋存萤石矿产。区内北西-近东西向构造控岩特征，断裂构造以近东西-北东向断裂构造为主	必要
构造背景		大地构造位置位于吉林省晚三叠世-新生代构造单元分区，东北叠加造山-裂谷系（Ⅰ₁）、小兴安岭-张广才岭叠加岩浆弧（Ⅱ₃）、张广才岭-哈达岭火山-盆地区（Ⅲ₃），南楼山-辽源火山-盆地群（Ⅳ₄）与伊通-舒兰走滑-伸展复合地垒内（Ⅳ₃）	重要
控矿条件		地层控矿：古生代沉积碳酸盐岩控矿； 构造控矿：层间破碎带； 控矿岩体：燕山期中酸性岩体提供热量与成矿物质	必要
蚀变特征		矿区内围岩蚀变类型主要为硅化、云母化、砂卡岩、碳酸盐化等	重要
矿化特征		矿区矿化呈南北带状展布，长700m，宽200m，矿化赋存于中酸性侵入岩建造与古生代沉积岩石组合有利岩组合中	重要
地球化学		区内圈定的F化探异常对金家屯交代型萤石矿不支持，主要分布在矿床外围矿型萤石矿的典型区域，找矿指示作用不明显	次要
地球物理		上二叠统一拉溪组上段板夹灰岩地层表现为负磁异常，燕山期中酸性岩岩体表现为正、负磁异常同线性梯度带产生错动表明断裂构造发生错断。这些特征可作为磁法寻找热液充填交代型一拉溪组重力异常高异常过渡带附近的地层一侧，东西走向梯度带反映了断裂构造的位置是成矿的有利部位	次要
自然重砂		没有萤石及相应重砂矿物异常分布，缺少重砂找矿指示作用	次要
找矿标志		①志留系-下泥盆统西别河组砂岩、粉砂岩、页岩夹泥灰岩建造； ②深大断裂边缘次一级断裂分支； ③发育硅化、砂卡岩、碳酸盐化等蚀变带，也是寻找萤石产的有利地段； ④燕山期中酸性火山-侵入岩建造 ⑤地球物理电测异常高阻带，在覆盖区用电阻率方法追索矿脉，并使用中子活化测井确定矿层位、深度、厚度	重要

第八章 矿产预测

表 8-2-5 吉林省其塔木预测工作区火山岩型萤石矿预测要素

预测要素	内容描述	类别
岩石类型	流纹岩、花岗质碎屑岩、燕山期四捞山中-粗晶花岗岩	必要
成矿时代	燕山期	重要
成矿环境	所属成矿区带为兰家-八台岭-上河湾金、银、铜、铁成矿带（IV$_3$）、八台岭-上河湾金、银、铜、铁成矿远景区（V$_{5-6}$）。矿体赋存于下白垩统营城子组安山岩、流纹岩，为主要围岩	必要
构造背景	大地构造位置位于吉林省晚三叠世-新生代构造单元分区:东北叠加造山-裂谷系（I$_1$）、小兴安岭-张广才岭叠加造山-裂谷系（II$_3$）、张广才岭-哈达岭火山-盆地区（III$_3$）、大黑山条垒火山-盆地群（IV$_2$）	重要
控矿条件	构造控矿:受大断层控制的次一级南北向破裂，亦为容矿构造，水为成矿提供热能；侵入岩控矿:早白垩世、早侏罗世正长花岗岩为成矿提供物质，为成矿提供热能；地层控矿:下白垩统营城子组提供成矿物质，为成矿地层，安山岩、流纹岩为主要围岩	必要
蚀变特征	矿区内围岩蚀变类型主要为硅化、高岭土化、萤石化、黄铁矿化等	重要
矿化特征	萤石矿化一般在主脉附近数米内，不超过10m。钻孔及深槽资料表明萤石矿化主要在1号脉下盘；矿脉围岩在矿区北面为流纹岩或黑色角砾岩及黑色花岗质碎屑岩、凝灰质砂岩及花岗质碎屑岩，南面则主要是凝灰质砂岩及安山岩。在上、下盘均为流纹岩或黑色角砾岩时，矿脉为规整板状、接触面平直，捕于凝灰质砂岩或花岗质粗砂岩中的矿脉，厚度变化较大，局部形状复杂不规则，分支较多	重要
地球化学	区内圈定的F化探异常对牛头山萤石矿不支持，主要分布在典型矿床外围区域，找矿指示作用不明显	次要
地球物理	在1:5万航磁异常等值线图上，表现出大面积低缓正磁异常特征	次要
重砂	没有萤石及相应重砂矿物异常分布，缺少重砂找矿指示作用	次要
找矿标志	燕山期四捞山花岗斑岩掌细岩为直接找矿标志；下白垩统营城子组火山岩、流纹岩、花岗质碎屑岩接触部位为成矿有利部位；北东向、北西向大断裂交会部位为成矿有利部位；物探营城子组火山地层磁力高梯度带为间接找矿标志	重要

表 8-2-6 吉林省南梨树预测工作区层控内生型萤石矿预测要素

预测要素	内容描述	类别
岩石类型	磨盘山组大理岩化灰岩、燕山期花岗闪长岩和二长花岗岩	必要
成矿时代	燕山早期	重要
成矿环境	位于张广才岭-哈达岭火山-盆地区至南楼山-辽源火山-盆地群。古生界磨盘山组与燕山期花岗闪长岩和二长花岗岩接触带中赋存萤石矿产。区内北西-近东西向构造具控岩特征。断裂构造以近东西-北东东向断裂构造为主	必要
构造背景	大地构造位置位于吉林省晚三叠世-新生代构造单元一新生代裂谷系（Ⅰ）、小兴安岭-张广才岭叠加岩浆弧（Ⅱ₃）、张广才岭-哈达岭火山-盆地区（Ⅲ₃）、南楼山-辽源火山-盆地群（Ⅳ₄）内	重要
控矿条件	构造控矿：印支期构造运动产生的次一级北西向、北东向构造破碎带既为容矿构造，也为控矿构造； 岩体控矿：燕山期中酸性岩体控矿； 地层控矿：古生代沉积碳酸盐岩控矿	必要
蚀变特征	具硅化、云母化、矽卡岩化、碳酸盐化等	重要
矿化特征	南梨树萤石矿Ⅰ号矿化带呈带状断续出露，矿带长500m，宽60～200m，走向320°～340°，矿带内赋存矿体北西向为主，北东向次之。区内萤石矿赋存矿体与古生代沉积岩组合的有利岩组合中	重要
地球化学	1:20万化探数据圈出1处二级分带的F异常，条带状分布，具北西向延伸的趋势	次要
地球物理	在1:5万航磁异常等值线图上，矿床处于大面积略起伏波动负磁场区内。石炭系鹿圈屯组和印支期中酸性侵入岩均显示负磁异常特征，磐-双接触带和矿床在航磁负场区内无异常显示	次要
重砂	没有萤石及相应重砂矿物异常分布，缺少重砂找矿指示作用	次要
找矿标志	燕山期中酸性岩体与西别河组的外接触破碎带是找矿的有利地段； 北西向和北东向构造破碎带中的碳酸盐岩捕虏体往往形成规模不等的萤石矿体，也是寻找萤石矿产的有利部位； 发育硅化、矽卡岩、碳酸盐化等蚀变带，石英正长斑岩中形成萤石矿产的有利地段	重要

第八章 矿产预测

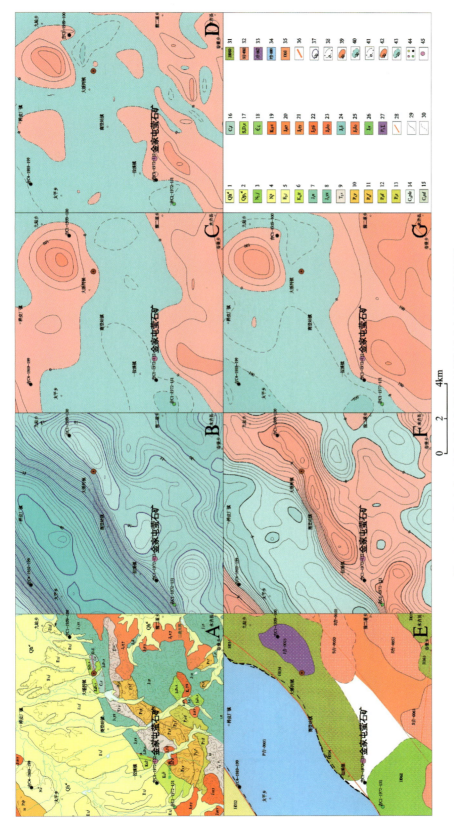

图8-2-7 金家屯萤石矿典型矿床所在区区域地质矿产及物探剖析图

A.地质及矿产图；B.布格重力异常图；C.航磁ΔT化极平面图；D.航磁ΔT化极垂向一阶导数等值线平面图；E.重磁推断断裂地质构造图；F.剩余重力异常图；G.航磁ΔT化极等值线平面图

1. Ⅰ级阶地及现代河床；2. Ⅱ级阶地、砂砾石堆积、河漫滩、砂砾石堆积；3. 军舰山组；4. 水曲柳组；5. 吉舒组；6. 泉头组；7. 南楼山组；8. 玉兴屯组；9. 四合屯组；10. 杨家沟组；11. 范家屯组；12. 大河深组；13. 寿山沟组；14. 石嘴子组；15. 四道岩组；16. 通气沟组；17. 西别河组；18. 头道岩组；19. 早白垩世花岗斑岩；20. 中侏罗世碱长花岗岩；21. 中侏罗世二长花岗岩；22. 中侏罗世花岗闪长岩；23. 中侏罗世花岗闪长岩；24. 中侏罗世石英闪长岩；25. 早侏罗世石英闪长岩；26. 早侏罗盆地性岩体及注记；27. 晚二叠世橄榄岩、辉橄岩；28. 整合层岩界线；29. 整合层岩界线；30. 角度不整合界线；31. 重力推断中酸性岩体及注记；32. 中侏罗世基性岩体及注记；33. 重力推断断裂地层及注记；34. 重力推断基性岩体及注记；35. 重力推断岩浆岩带及注记；36. 重力推断断裂；37. 布格重力异常等值线及注记；38. 剩余重力异常（14×14）零等值线及注记；39. 剩余重力异常（14×14）正等值线及注记；40. 剩余重力异常（14×14）负等值线及注记；41. 航磁异常零等值线及注记；42. 航磁异常正等值线及注记；43. 航磁异常负等值线及注记；44. 航磁异常点；45. 萤石矿

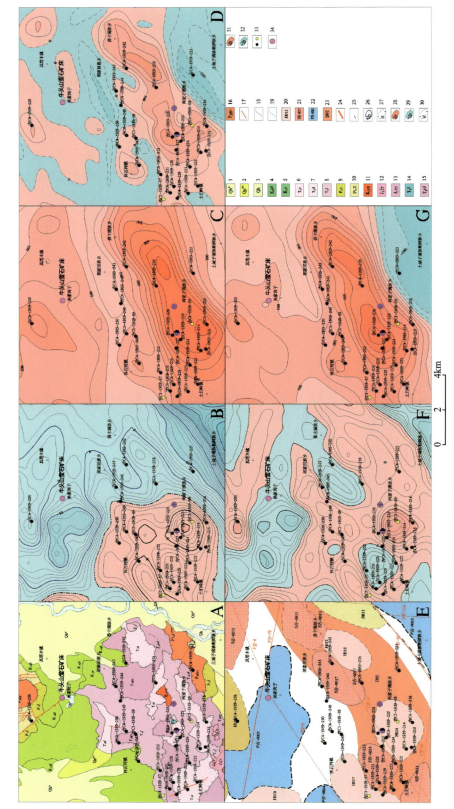

图8-2-8 牛头山萤石矿典型矿床所在区域地质矿产及物探剖析图

A.地质矿产图;B.布格重力异常图;C.航磁ΔT等值线平面图;D.航磁ΔT化极等值线平面图;E.重磁推断地质构造图;F.剩余重力异常图;G.航磁ΔT化极垂向一阶导数等值线平面图
1.全新统冲积物;2.中更新统洪积物;3.全新统;4.泉头组;5.营城组;6.四合屯组;7.大酱缸组;8.卢家屯组;9.哲斯组;10.塔东岩群;11.早白垩世花岗斑岩;12.中粒花岗闪长岩;13.晚侏罗世正常花岗岩;14.晚三叠世花岗闪长岩;15.晚三叠世斑状二长花岗岩;16.晚二叠世岩浆岩及注记;17.整合岩层界线;18.整合岩层界线;19.角度不整合岩层界线;20.重力推断地层及注记;21.重力推断中酸性岩体及注记;22.重力推断盆地及注记;23.重力推断岩浆岩带及注记;24.重力推断断裂及注记;25.实测断层;26.布格重力异常等值线及注记;27.剩余重力异常(14×14)零值线及注记;28.剩余重力异常(14×14)正等值线及注记;29.剩余重力异常(14×14)负等值线及注记;30.航磁异常零值线及注记;31.航磁异常正等值线及注记;32.航磁异常负等值线及注记;33.航磁异常点;34.萤石矿

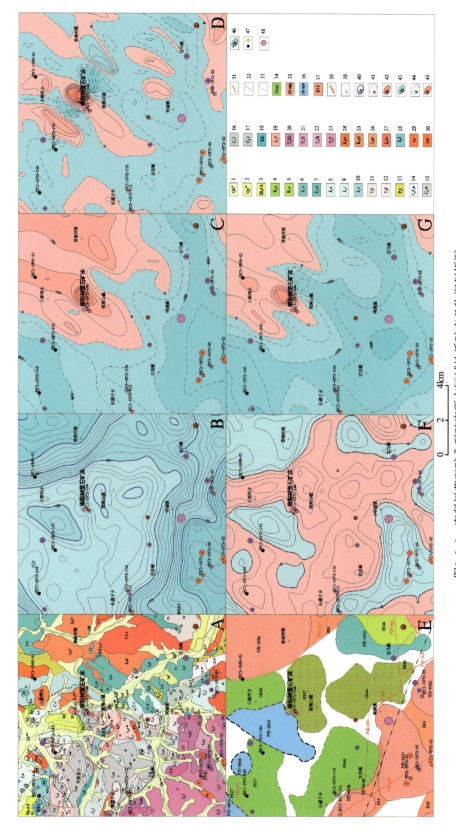

图8-2-9 南梨树萤石矿典型矿床所在区域地质矿产及物探剖析图

A.地质及矿产图；B.布格重力异常图；C.航磁ΔT等值线平面图；D.航磁ΔT化极垂向一阶导数等值线平面图；E.重磁推断地质构造图；F.剩余重力异常图；G.航磁ΔT化极等值线平面图

1. I级阶地及现代河床、河漫滩；2. II级阶地、砂砾石堆积；3. 东风组+荒山组；4. 安民组；5. 泉头组；6. 南楼山组；7. 玉兴屯组；8. 火山岭组；9. 久大组；10. 太阳岭组；11. 四合屯组；12. 大酱缸组；13. 寿山沟组；14. 窝瓜地组；15. 磨盘山组；16. 鹿圈屯组；17. 余富屯组；18. 桦皮窑组；19. 黄松沟岩；20. 红石砬子组；21. 黑顶子组；22. 甲黑山组；23. 太平岭组；24. 白垩纪花岗斑岩；25. 白垩纪大酱缸组；26. 侏罗纪花岗岩；27. 侏罗纪石英闪长岩；28. 侏罗纪斑岩；29. 花岗斑岩岩脉；30. 二长花岗斑岩脉；31. 安测断层；32. 整合岩层界线；33. 角度不整合界线；34. 重力推断盆地基性岩体及注记；35. 重力推断盆地及注记；36. 重力推断中酸性岩体及注记；37. 重力线及注记；38. 重力推断断裂及注记；39. 测断层；40. 布格重力异常等值线及注记；41. 剩余重力异常（14×14）；42. 剩余重力异常（14×14）正等值线及注记；43. 剩余重力异常（14×14）负等值线及注记；44. 航磁异常零等值线及注记；45. 航磁异常正等值线正等值线及注记；46. 航磁异常负等值线及注记；47. 航磁异常点；48. 萤石矿

第三节 预测区圈定

一、预测区圈定方法及原则

预测区的圈定采用综合信息地质法,圈定原则如下。
(1)与预测工作区内的模型区类比,具有相同的含矿建造。
(2)在与模型区类比有相同的含矿建造的基础上,只有明显的F、Ca元素化探异常。
(3)同时参考重力、航磁、自然重砂、遥感的异常区和相关的地质解释与推断。
(4)含矿建造与化探异常的交集区圈定为初步预测区。
(5)最后专家对初步确定的最小预测区进行确认。

二、圈定预测区操作细则

在突出表达与成矿密切相关的含矿建造和构造、矿化蚀变信息的1∶5万成矿要素图基础上,叠加1∶5万化探、航磁、重力、遥感、自然重砂异常及推断解释图层,以含矿建造和化探异常为主要预测要素和定位变量,取二者的交集初步形成最小预测区范围。参考物探的重力异常、航磁异常、遥感的羟基铁染异常及近矿地质特征解译、自然重砂异常等信息修改初步的最小预测区,最后由地质专家确认,形成最小预测区。

第四节 预测要素变量的构置与选择

一、预测要素及要素组合的数字化、定量化

预测工作区预测要素构置使用潜力评价项目组提供的预测软件MARS进行构置和计算,主要依据含矿建造的出露与否来组合预测要素。

综合信息网格单元法进行预测时,首选对预测工作区地质及综合信息的复杂程度进行评价,从而来确定网格单元的大小,MARS能提供网格单元大小的建议值,一般情况下都比较大,需要人工进行修正,比如进行取整等干预。根据吉林省萤石矿成矿特征,矿化多数在2km左右,因此,人工选择时使用小一点的网格单元,以增加预测的精度,网格单元选择20×20网格,相当于1km×1km的单元网格。

对预测工作区的地质,也就是含矿建造进行提取,对矿产地和矿(化)体进行提取,提取的矿产地和矿(化)体进行缓冲区分析,形成面图层,为空间叠加准备图层。

将物探、化探、遥感、自然重砂各专题提供的异常要素进行叠加。对物探、化探、遥感、自然重砂各专

题提供的线要素类图层进行缓冲区分析。

对上述的图层内要素信息进行有无的量化处理，形成原始的要素变量距阵。

二、变量的初步优选研究

根据含矿建造的空间分布情况，对其他预测要素进行相关性分析，初步进行变量的优选，选择相关性好的要素参与预测。可能含矿的建造是最重要的也是必要的要素。在化探异常的元素选取上，一般选择3～5个与主成矿元素相关性好的元素参与计算。物探一般选择重力和航磁的异常要素，特别是重力梯度带，用零等值线进行缓冲区分析，分析出的缓冲区参与计算，重力和航磁数据由于多数是1∶20万精度的数据，对预测意义不大。自然重砂选择3～5个与主成矿元素有关的矿物异常图，这些矿种的异常要素参与计算。

将初步选择的要素叠加后进行初步计算，这样很多要素参与计算往往得不到理想的效果，还要进行变量的优选，再进行变量相关性研究，去掉一些相关性相对较差的要素。实践证明，参与计算的要素不能太多，一般5～7个要素参与计算效果相对较好。

量化后要素为网格单元进行有无的赋值，用一定的阈值对每个网格单元进行分类，分出A、B、C 3类，一般情况下网格单元值大于3～4的网格单元应该是A类网格单元，大于2～3的网格单元一般为B类。分析结果如图8-4-1～图8-4-3。

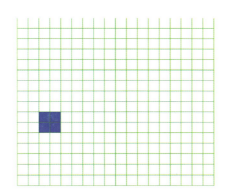
图8-4-1　一拉溪地区网格单元分布图

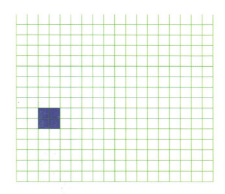
图8-4-2　明城地区网格单元分布图

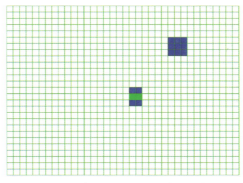
图8-4-3　其塔木地区网格单元分布图

得出的网格单元分布图能够帮助地质工作者更加客观地认识预测工作区,增加客观性,从而能避免一些人为的主观因素参与到预测中。

第五节 预测区优选

一、最小预测区优选类别确定

一拉溪模型区提供的预测变量有泥质板岩夹灰岩含矿建造、矿产地和化探异常3个变量,牛头山单元用到的预测变量增加次火山岩控矿建造。统计单元与模型单元的变量数一样,但有的内容不同,如果只是简单的特征分析法和神经网络法,采用公式进行计算求得成矿有力度,根据有力度对单元进行优选,势必脱离实际。因为统计单元成矿概率是同样的,都是1,无法真实反映成矿有力度。本次预测区的优选充分考虑典型矿床预测要素少的实际情况及成矿规律,采取的优选方法和标准如下。为A类最小预测区:含有典型矿床、含矿建造、构造或化探异常预测单元。

在网格单元图基础上,由在预测工作区工作过有经验丰富的老专家进行网格单元的优选,包括网格单元、级别是否合理,得出网格单元优选图,见图8-5-1～图8-5-3。

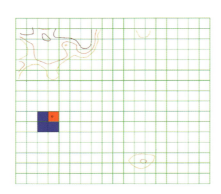

图 8-5-1　一拉溪地区网格单元优选图

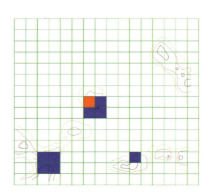

图 8-5-2　明城地区网格单元优选图

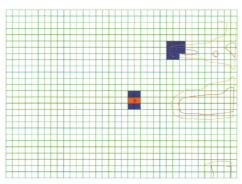

图 8-5-3　其塔木地区网格单元优选图

二、最小预测区评述

1.一拉溪最小预测区

含矿建造(二叠系一拉溪组)地层分布较广泛,F元素异常与含矿建造吻合程度不高。本次共圈定A类最小预测区1个,区域上萤石矿的赋矿层位为西别河组砂岩、页岩夹泥灰岩含矿建造,其萤石矿成因为热液充填交代型,成矿特征和圈出最小预测区地质特点与永吉金家屯萤石矿矿床模型相似,都具有碳酸盐含矿建造,与模型区对比具有相同的成矿构造、矿化信息等,资源潜力较大,具有找中大型萤石矿的条件。

2.其塔木最小预测区

含矿建造为酸性火山岩,分布较广泛,成矿含矿气水热液来自次火山岩,构造和矿化信息均存在,F元素异常与含矿建造吻合程度不高。本次共圈定A类最小预测区1个,区域上萤石矿的赋矿层位为营城子组,其萤石矿成因为火山热液型,成矿特征和圈出最小预测区地质特点与九台牛头山萤石矿矿床模型相似,与模型区具有相同的含矿建造和成矿构造、矿化信息等,资源潜力较大具有找中大型萤石矿的条件。

3.明城最小预测区

含矿建造燕山早期石英正长斑岩+鹿圈屯组凝灰岩、泥质灰岩、硅质岩,构造和矿化信息均存在,F元素异常与含矿建造吻合程度不高。本次共圈定A类最小预测区1个,区域上萤石矿的赋矿层位为鹿圈屯组与燕山早期中酸性岩体接触带,其萤石矿成因为热液充填交代型,成矿特征和圈出最小预测区地质特点与磐石南梨树萤石矿矿床模型相似,与模型区具有相同的含矿建造和成矿构造、矿化信息等,资源潜力较大,具有找中大型萤石矿的条件。

第六节 资源量定量估算

一、最小预测区预测资源量及估算参数

估算方法为地质体积法。应用含矿地质体预测资源量公式为:
$$Z_{体}=S_{体}\times H_{预}\times K\times \alpha$$
式中:$Z_{体}$为模型区中含矿地质体预测资源量;$S_{体}$为含矿地质体面积;$H_{预}$为含矿地质体延深(指矿化范围的最大延深),即最大预测深度;K为模型区含矿地质体含矿系数;α为相似系数。

模型区是指典型矿床所在的最小预测区,其含矿地质体含矿系数确定公式为:

含矿地质体含矿系数=模型区预测资源总量/模型区含矿地质体总体积

模型区建立在1:5万的预测工作区内。

二、估算参数及结果

(一) 最小预测区参数确定

1. 最小预测区面积参数确定

面积参数确定侵入岩体接触带型包括斑岩型矿产与矽卡岩矿产，矿床严格位于岩体的内外接触带，面积参数经人工修正，即模型区面积参数×可信度(表8-6-1)。

2. 最小预测区预测深度参数确定

延深依据典型矿床的实际钻探资料、含矿地质体的厚度、矿体的最大延深，并结合预测区控矿构造、矿化蚀变、地球化学分带、物探信息，在此基础上推测含矿建造可能的延深(表8-6-2)。

3. 最小预测区含矿系数参数确定

最小预测区含矿系数确定，依据模型区含矿系数，考虑到现有工作程度，模型区之外的最小预测区工作程度低于模型区。因此，在现有工作程度下，这些最小预测区显然找矿条件和远景比模型差，这仅仅是在现有工作程度下的判断。根据潜力评价项目技术要求对于模型区之外的最小预测区按照预测区内具体的预测要素与模型区的预测要素对比，依据各个预测要素的可信度，综合评价各个最小预测区的含矿系数。评价结果见表8-6-3。

4. 最小预测区相似系数确定

相似系数是通过对比模型区和预测区全部预测要素的总体相似程度、各定量参数的各项相似系数来确定(表8-6-4)。

5. 最小预测区参数可信度确定

1) 最小预测区参数可信度确定原则

(1) 面积可信度：模型区含矿地质建造、勘查程度高，矿床或矿点分布、化探异常较好定为0.85；模型区含矿地质建造、勘查程度低，矿点分布、化探异常较好定为0.75。

(2) 延深可信度：典型矿床的延深是根据已知模型区的最大钻探深度，勘查程度高，结合已知控制矿体的可能延伸确定，确定的延深可信度为0.9；勘查程度低，结合已知控制矿体的可能延深确定，确定的延深可信度为0.8。

(3) 含矿系数可信度：对矿床深部外围资源量了解比较清楚，为模型区构造环境下含矿建造、勘查程度高，具有化探异常浓集中心、有已知矿床(点)的最小预测区，含矿系数可信度为1。

(二) 最小预测区资源量

最小预测区资源量结果见表8-6-5。

第八章 矿产预测

表 8-6-1 最小预测区面积参数确定信息

预测区	最小预测区编号	确定方法	预测区面积参数	模型区面积参数	可信度
金家屯	A2222501001	金家屯模型区＋西别河组砂岩、页岩夹泥灰岩含矿建造＋燕山期花岗闪长岩＋已知矿床＋构造	0.416 119 767	0.489 552 667	0.85
南梨树	A2222502002	南梨树模型区正长花岗岩＋鹿圈屯组岩含矿建造＋已知矿床＋构造＋化探异常	0.571 660 684	0.762 214 246	0.75
牛头山	A2222401003	牛头山模型区营城组火山熔岩夹砂页岩含矿建造＋已知矿床＋构造	0.194 651 308	0.259 535 078	0.75

表 8-6-2 最小预测区深度参数确定信息

预测区	最小预测区编号	确定方法	预测总深/m	勘探垂深/m	可信度
金家屯	A2222501001	最大勘探深度＋含矿建造推断	300	140	0.9
南梨树	A2222502002	最大勘探深度＋含矿建造推断	500	240	0.8
牛头山	A2222401003	最大勘探深度＋含矿建造推断	300	100	0.8

表 8-6-3 最小预测区含矿系数确定信息

预测区	最小预测区编号	确定方法	模型区含矿系数	预测区含矿系数	可信度
金家屯	A2222501001	模型区预测资源总量/含矿地质体总体积	0.000 002 641	0.000 001 099	1
南梨树	A2222502002	模型区预测资源总量/含矿地质体总体积	0.000 000 034	0.000 000 020	1
牛头山	A2222401003	模型区预测资源总量/含矿地质体总体积	0.000 010 006	0.000 001 948	1

表 8-6-4 最小预测区相似系数确定信息

预测区	最小预测区编号	确定方法	相似系数	可信度
金家屯	A2222501001	模型区	0.9	1
南梨树	A2222502002	模型区	0.75	1
牛头山	A2222401003	模型区	0.75	1

表 8-6-5 最小预测区预测资源量统计表

预测区	最小预测区编号	估算资源量级别	资源量估算方法	资源量 500m 以浅	资源量 1000m 以浅	资源量 2000m 以浅	估算资源量综合可信度
金家屯	A2222501001	334-1	地质参数体积法	中型	中型	中型	1
南梨树	A2222502002	334-1	地质参数体积法	小型	小型	小型	1
牛头山	A2222401003	334-1	地质参数体积法	小型	小型	小型	1

第七节 预测区地质评价

一、预测区级别划分

在 A 类预测区选择时,最小预测区含矿建造与模型区相同,有已知矿床。吉林省萤石矿仅有 3 个 A 类最小预测区。

二、评价结果综述

通过对吉林省萤石矿产预测工作区的综合分析,依据最小预测划分条件共划分出 3 个最小预测区,A 级最小预测区为 3 个,为成矿条件好区,具有很好的找矿前景。从吉林省几十年萤石矿的找矿经验和吉林省萤石成矿地质条件看,在目前的经济技术条件下,吉林省萤石矿找矿潜力为小型矿床,划分结果及各最小预测区资源量。

三、预测工作区资源总量成果汇总

本次采用地质体积法预测萤石资源量,并按预测方法分别进行了统计。

1.按精度

萤石矿预测工作区预测资源量精度统计表(表 8-7-1)。

表 8-7-1　萤石矿预测工作区预测资源量精度统计表

预测工作区编号	预测工作区名称	按精度预测资源量		
		334-1	334-2	334-3
2222501029	金家屯	中型		
2222502030	南梨树	小型		
2222401031	牛头山	小型		

2.按深度

萤石矿预测工作区预测资源量深度统计表(表 8-7-2)。

表 8-7-2　萤石矿预测工作区预测资源量深度统计表

预测工作区编号	预测工作区名称	500m 以浅			1000m 以浅			2000m 以浅	
		334-1	334-2	334-3	334-1	334-2	334-3	334-1	334-2
2222501029	金家屯	中型			中型			中型	
2222502030	南梨树	小型			小型			小型	
2222401031	牛头山	小型			小型			小型	

3.按矿产预测类型

萤石矿预测工作区预测资源量矿产类型统计表（表8-7-3）。

表 8-7-3　萤石矿预测工作区预测资源量矿产类型统计表

预测工作区编号	预测工作区名称	热液充填交代型			火山热液型		
		334-1	334-2	334-3	334-1	334-2	334-3
2222501029	金家屯	中型					
2222502030	南梨树	小型					
2222401031	牛头山				小型		

4.按可利用性类别

萤石矿预测工作区预测资源量可利用性统计表（表8-7-4）。

表 8-7-4　萤石矿预测工作区预测资源量可利用性统计表

预测工作区编号	预测工作区名称	可利用			暂不可利用		
		334-1	334-2	334-3	334-1	334-2	334-3
2222501029	金家屯	中型					
2222502030	南梨树	小型					
2222401031	牛头山	小型					

5.按预测区类别

萤石矿预测工作区预测资源量预测区类别统计表（表8-7-5）。

表 8-7-5　萤石矿预测工作区预测资源量预测区类别统计表

预测工作区编号	预测工作区名称	热液充填交代型			火山热液型		
		A	B	C	A	B	C
2222501029	金家屯	中型					
2222502030	南梨树	小型					
2222401031	牛头山	小型			小型		

6.按可信度统计分析

萤石矿预测工作区预测资源量可信度统计表（表8-7-6）。

表 8-7-6　萤石矿预测工作区预测资源量可信度统计表

预测工作区编号	预测工作区名称	≥0.75		
		334-1	334-2	334-3
2222501029	金家屯	中型		
2222502030	南梨树	小型		
2222401031	牛头山	小型		

第九章 萤石矿成矿规律总结

第一节 萤石矿成矿规律

一、萤石矿床成因类型

前人关于矿床成因研究程度较低,本次也未专门研究,仅能根据有关资料作如下探讨。

目前认为,形成萤石的氟及钙主要来自酸性岩浆,大部分钙质来自含矿围岩,地下水在渗透过程中被加热进入岩浆形成含矿热液,在地壳变动过程中含矿热液被压入构造破碎带中成矿。成矿温度为中低温,成矿时代为燕山期,成矿方式以充填为主。据此,矿床成因类型为与燕山期岩浆活动有关的中低温热液充填交代型矿床和火山热液型矿床。有经济价值的为中低温热液充填变化型矿床。

根据成因和赋矿岩石类型,吉林省萤石矿分成两个类型,分别为产于中酸性—酸性岩浆岩及其接触带的矿床、产于火山岩及次火山岩中的矿床。萤石矿床形成时代都较晚,且绝大多数与晚期岩浆活动有关。萤石常与其他非金属和金属矿物构成综合矿床,在一个大的区域内矿床组合具明显分带性。北东向构造对萤石成矿十分有利;岩石类型和褶皱断裂对成矿具有明显的控制作用;围岩蚀变具有重要找矿意义,且因围岩类型而异,并具分带特点。

鉴于萤石矿分属不同的成因类型,具有不同的特征,因此按成因类型叙述其成矿特征。

(一)热液充填交代型

本类矿点数量最多,已知9处产地,双阳一面山、刘家屯、永吉县金家屯、磐石县南梨树、桦甸榆木桥南山、蛟河太阳屯、敦化二合店、梨树山嘴等。该类矿床受上古生界石炭系、二叠系控制,为与燕山期中酸性侵入岩有关的热液充填交代型。本类型典型矿床为金家屯式、南梨树式中型萤石矿,其他为矿点或矿化点,个别为转石,无工业价值。

金家屯式热液充填交代型:典型矿床为永吉金家屯萤石矿床。矿床赋存于上古生界上二叠统一拉溪组上段泥质板岩夹灰岩层位中。区内侵入岩为海西期闪长岩及脉岩。矿体主要产于层间破碎带内,成因类型为热液充填交代型。

南梨树式热液充填交代型:典型矿床为磐石南梨树萤石矿床。矿床赋存于上古生界下石炭统鹿圈屯组海陆交互相陆源碎屑岩夹碳酸盐岩、火山岩建造中。矿体产于燕山早期石英正长斑岩与鹿圈屯组的外接触带中,受近东西向及其次一级的北西向断裂构造控制。矿床成因为凝灰岩和碳酸盐岩中的热液充填交代型矿床。

总体来看,热液充填交代型萤石矿具以下地质特征。

(1)成矿与燕山期、海西期花岗岩有关,并以燕山早期花岗岩为主,矿体赋存于中酸性岩体内及其附近围岩中。

(2)成矿围岩:围岩有磨磐山组石灰岩、石嘴子组石灰岩、一拉溪组凝灰板岩、南楼山组凝灰岩、鹿圈屯组灰岩、大河深组流纹岩、范家屯组凝灰岩以及杨家沟组板岩等。

(3)围岩蚀变:围岩蚀变有绢云母化、硅化、碳酸盐化、高岭土化等低温热液蚀变。

(4)矿体:成矿主要受区内主干断裂及与其有关的次级断裂控制,受北东向和北西向两组断裂控制,断裂长不过50m,为热液充填方式成矿。

上述表明,燕山期、海西期中酸性岩体分布及其围岩中发育的低温热液蚀变及破碎带,是寻找萤石矿有利地区。

(二)火山热液型

吉林省此类型萤石矿产地有两处,即牛头山萤石矿、伊通青堆子萤石矿,规模分别为小型和矿点矿床。青堆子萤石矿目前已采空,典型矿床为九台牛头山萤石矿床。该矿床中生界白垩系营城组中酸性火山-碎屑岩为控矿、赋矿地层,与中生代四楞山花岗岩有关。矿体主要产于近南北向的层间破碎带及裂隙中。矿床成因为酸性火山岩建造的低温热液矿床。

控矿岩体:与成矿关系密切的是火山岩-石英斑岩,为燕山晚期岩浆活动产物。

控岩控矿构造:与岩体有关的石英斑岩受北东和北西向两组交叉断裂控制,矿体则受次一级南北向断裂控制。

含矿围岩:以石英斑岩为主,其次为大理岩、砂岩、凝灰质板岩、火山角砾岩等。该围岩产于石英斑岩及凝灰角砾岩中的矿化,为充填方式产出,矿化与围岩界线清楚;产于大理岩中的矿化,为充填交代方式产出,矿化与围岩界线不清楚。

围岩蚀变:不同围岩中呈现不同的围岩蚀变。产于砂岩、石英斑岩中的围岩有高岭土化、硅化、碳酸盐化和弱叶蜡石化;产于大理岩中的围岩蚀变有硅化、碳酸盐化、绿泥石化、透辉石化和重晶石化。与成矿关系密切的围岩蚀变有硅化、碳酸盐化。

二、控矿因素

根据成矿地质条件不难看出,断裂构造岩浆活动以及有力的围岩条件是吉林省萤石矿床形成的主要控制因素。

(一)地层控矿因素

地层对成矿的控制作用反映在岩性特征上,已知矿体的围岩具备钙质含量较高和渗透性较差的特点,前者可为萤石形成提供钙质,后者有利于含矿热液的沉淀和富集。

此外,由于围岩多具脆性,对断裂破碎带的形成较为有利,特别是在岩浆岩和沉积岩之间,其物化差异较大,既很容易形成断裂破碎带,也有利于形成地球化学障使矿液沉淀,见图9-1-1。

就已知矿床来说,仅敦化二合店萤石矿直接产于花岗岩体中,其他均赋存于不同时代的地层中。这些地层均分布在吉林复向斜中,最老的为上奥陶统,最新的为下白垩统,以古生界较重要,主要赋矿层位有上奥陶统石缝组、下石炭统鹿圈屯组、下二叠统大河深组、下二叠统一拉溪组、下白垩统营城子组。

上奥陶统石缝组,为一套海相中—酸性火山沉积建造,由于花岗岩侵入,地层零乱不全,均呈捕房体产出。由家岭和青堆子矿床产于其间的大理岩中。

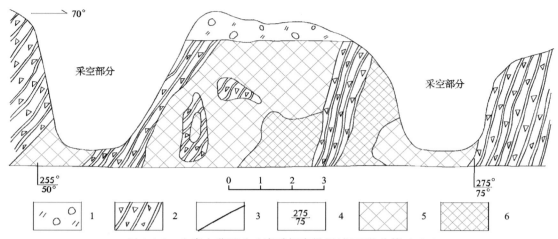

图 9-1-1　金家屯萤石矿矿床采场素描图(据于学政等，2010)
1.残坡积；2.泥质板岩(压碎岩)；3.断裂；4.产状；5.萤石矿体(贫矿)；6.萤石矿(富矿)

下石炭统鹿圈屯组，主要岩性特征为以碎屑岩夹碳酸盐岩为主的海陆交互相沉积，并轻微变质。南梨树矿床产于其变质凝灰岩和灰岩中。

下二叠统大河深组，为浅海相火山岩-沉积岩建造，岩性主要为绢云母长英质板岩和石英黑云母板岩，夹变质英安岩和变质凝灰岩。

下二叠统一拉溪组，为海相中酸性火山岩-沉积建造，分上、下两段，下段为安山岩、流纹岩、凝灰岩夹少量板岩，上段由凝灰质硅质板岩夹大理岩及钙质砂板岩、凝灰质砂岩组成。金家屯矿床产于上段板岩和大理岩中。

下白垩统营城子组，为一套海相火山岩系，下部为流纹岩夹正长岩，上部为安山玄武岩。牛头山矿床产于该沉积碎屑岩及爆破角砾岩中。

(二)岩浆岩控矿因素

萤石矿多产于侵入岩和地层的接触带及其附近，有的直接产于岩体中。常见的岩石类型有花岗岩、石英正长斑岩、石英斑岩等。花岗岩呈岩基及不规则的岩株状，碱质成分较高，含有较高的放射性及较多稀土元素；石英正长斑岩置于花岗岩边缘相带中；石英斑岩则形成于大规模岩浆活动后期的脉岩阶段，有的具超浅成侵入特征。

这些岩石在空间分布上与矿床关系极为密切。目前认为，岩石中的 F 及硅化蚀变中的 SiO_2 等成分主要来自酸性活动的晚期。从这种意义上来说，各矿区中出现的与萤石矿床空间关系密切的侵入岩是萤石矿形成的母岩。

1.火山岩

区域资料证实，在已知赋存萤石矿床的地层中都含有不同数量的火山岩。这些岩石或直接出现于矿区作为矿体的围岩，或远离矿体在矿区较大范围内出现。这些矿区，以牛头山较为典型，另有由家岭萤石矿与流纹斑岩有关，萤石矿与石英斑岩也关系密切。

2.侵入岩

侵入岩广泛出露于萤石矿附近，按其形成时代有海西期、燕山早期。岩石类型以花岗岩为主。

海西期花岗岩分布于青堆子、由家岭一带，在由家岭矿区可见其出露，距萤石矿体十余米，区域上属辽源岩体，呈大岩基状产出。岩体侵入上奥陶统石缝组，并使其形态遭到破坏，形成大小不等的捕虏体，主要岩石类型有斜长花岗岩、黑云母花岗岩。

燕山早期侵入岩可见第二期和第三期两期，分布于二合店、南梨树、金家屯等地。第二侵入期见于二合店矿区，矿石类型主要为钠闪钾长花岗岩，萤石矿体产于其外部相中。第三侵入期主体为钾长花岗岩，在南梨树矿区出现其边缘相石英正长斑岩，岩石风化后常变成灰白色黏土，侵入下石炭统鹿圈屯组，在接触带及其外侧地层中形成萤石矿体。金家屯矿区及地下一定深度内未见侵入岩，但在南部约2000m外，见有岩株状钾长花岗岩出露，如果控制萤石矿体的断裂南延恰好与之相交，那么，不能排除萤石形成与该期岩浆活动有关。

(三)构造控矿因素

从已知矿床无一例外地产于断裂这一事实，可以看到构造条件至关重要。在成矿过程中，断裂不仅提供了含矿热液的通道，而且为矿液沉淀乃至矿体的逐渐形成提供了必要的空间。含矿断裂往往产于区域上较大断裂附近，与之有成生联系，但规模较小，方向及性质有所变化，属次一级断裂。在地层分布区含矿断裂常与褶皱相伴生，产在褶皱的某一翼，与地层产状相一致，以层间破碎带产出者居多，萤石矿体直接产于破碎带中，常与侵入岩脉相伴。断裂压性和张性兼而有之，方向各异，但以北东向为主。一般来说，断裂先挤压后张开，多期活动的继承性断裂对成矿较为有利。

1.断裂控矿

断裂构造是控制矿床的形成、分布的重要因素，它控制含矿建造的形成，提供岩浆侵位、矿液的运移、富集沉淀的通道和空间。不同的构造发展阶段控制不同的矿床形成，不同级别的构造控制着不同级别的矿带、矿田的分布。在一个矿田、矿化集中区，断裂则直接控制或影响矿床和矿体的形成、产状变化及分布特征等，见图9-1-2。

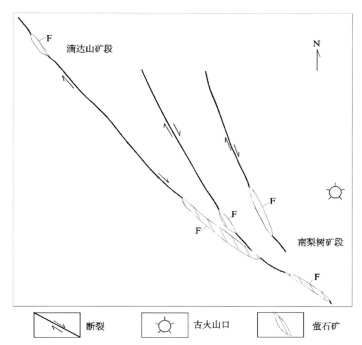

图9-1-2 南梨树-滴达山旋转构造控矿示意图(据向远川等,2010)

吉林省以近东西向的向北凸的辉发河-古洞河(开源-和龙)超岩石圈断裂为界，南部为中朝准地台，北部为天山-兴安地槽，即吉黑造山带，中生代又叠加在上述两个构造单元之上形成滨太平洋活动带。

吉黑造山带萤石矿主要形成于大黑山条垒、吉中弧形构造带和两江断裂带上，经历加里东期和海西期构造岩浆旋回，先后形成了岩浆热液和火山热液矿床，受深大断裂次级断裂控制，以北东向为主，东西向及南北向次之。

2.褶皱控矿

北部地槽区的演化经历了加里东期褶皱造山运动及海西期褶皱造山运动两个阶段。步入晚三叠世后，吉林省大部分地区上升为古陆，只有东部珲春一带还有海陆交互相的沉积，直到印支运动的早期，绝大部分褶皱成山，残留海盆也上升为陆，从而结束了北部槽区的演化历史。

三、矿床的空间分布规律

从大地构造位置看，不同类型萤石矿床所处的大地构造位置不同。依据成因产于中酸性—酸性岩浆岩及其接触带的矿床和产于陆相火山岩及次火山岩中的矿床，多分布于吉林省吉中地区中生代—新生代岩浆活动频繁的地区。矿床分布以吉黑褶皱系、吉黑优地槽褶皱带、吉林复向斜为主体，位于吉林优地槽褶皱带石岭隆起和吉林复向斜构造单元中，面积大约 35 000km²，呈北东向展布，长达 250km。区内集中了除二合店以外的所有萤石矿床和大部分矿点。矿床均分布在吉林复向斜内，矿床之间最近为 5km，最远为 140km，均为与燕山期岩浆活动有关的热液型矿床。其他构造也有零星分布，南部台区仅有数处矿点，且多分布在接触交代型铅锌矿床中，作为脉石矿物产出，工业意义不大。

四、矿床的时间规律

吉林省萤石矿床赋存岩层的时代从古生代至中生代都有，但比较集中地赋存在中生代地层中。从矿床成因看，萤石矿床多在成岩以后，由热液活动引起。因此，即使赋矿岩层为老变质岩，萤石的成矿时代也较晚，多数与燕山期造山运动有关，且又以燕山晚期的岩浆活动对成矿更为有利。那些产于中酸—酸性岩浆岩及其接触带的萤石矿床，多数与燕山中—晚期花岗岩有成因联系。

萤石成矿的这种趋向于与晚期岩浆活动有关的现象，符合世界萤石矿床的分布规律。有人指出，随着地质时代的变新，萤石的储量明显地增加。中国科学院地球化学研究所在对华南花岗岩类中 F 的含量进行系统测试后得出结论，随着花岗岩时代的变新，不仅含 F 含量增加，而且氟矿物的种类、含量也有规律地变化。在燕山期花岗岩中，氟矿物以萤石和黄玉为主。显然，较新地质年代的地层，较晚期的岩浆活动，都对 F 的富集成矿有利。萤石矿形成时代较晚的事实，与 F 本身的性质也有关系，F 同 Cl 一样，都是比较活泼的元素。在早期地质时代的沉积成岩或岩浆活动过程中形成的萤石矿，又在后来的漫长地质时代中，经历了风化、淋滤、变质、热液活动等的破坏作用，使 F 有可能重新活化、转移、成矿。因此，同目前世界范围内很少见到时代很早的含 Cl 的盐矿一样，也很少见到形成时代很早的萤石矿床。

吉林省萤石矿床在时间分布上有一定的规律。产于侵入岩和地层接触带以及地层的层间破碎带中，有的表现为两代重合，其成矿作用时间上的演化反映了古陆裂谷成矿特征与滨太平洋成矿特征相互重叠的特色，基本上与地质构造运动的叠加相吻合，在成矿地质特征上有多期多阶段性，但主要成矿属燕山期。

总观吉林省的萤石矿，尽管成矿围岩时代差异很大，然而其成矿均受滨太平洋成矿作用的影响，成矿期主要为燕山期。

五、矿床形成矿源体和成矿物质来源

矿床所在区域内只有晚期岩浆热液活动。例如,金家屯萤石矿床矿区出露地层主要为二叠系—拉溪组上段泥质板岩夹灰岩,从矿脉产出特征看为热液充填交代型,对围岩的依赖关系很密切,主要产于一拉溪组的灰岩中。除在断裂附近次级裂隙中见有少量沿裂隙充填的萤石脉、网状萤石脉外一般对矿化只起盖层作用。一拉溪组的泥质板岩未见萤石矿化,成为矿层底板。

在 F 的迁移形式中,络合物是所有含 F 络合物中最稳定的形式之一。这是由于 MgF_2 的溶解度远远大于 CaF_2,因此当 Mg^{2+}/Ca^{2+} 值增大时,Mg^{2+} 的增加有利于 F 的迁移,而 Ca^{2+} 的增加(比值减小)则有利于 F 的沉淀。即成矿溶液中 Mg^{2+} 的增加,强化了 MgF^+ 的形成,促进了 F^- 的迁移。因此,基底富镁岩层或赋矿层中的富镁岩石,成为 F^- 活化、迁移的物质基础,而赋矿层(或较上的非赋矿层)中的富钙岩石为 F 的富集和萤石成矿提供了有利条件。以上这些事实,更进一步证实了产于中酸性岩浆岩及其接触带的萤石矿床,成矿溶液中的 F 可能来自深部或下伏岩层。

产于火山岩及次火山岩中的矿床,强烈硅化反映出成矿溶液中 F 与 Si 组成络合物(主要是 $[SiO_6]^{2-}$)形式迁移,在条件改变时,络合物遭到破坏,从围岩中摄取 Ca^{2+},形成 CaF_2 和 SiO_2。在热水沉积情况下,硅化很微弱反映出成矿作用无上述交代反应过程,在原沉积成岩过程中就有原生萤石沉积。后期形成的脉状矿体,也是由于地下热水溶液对原始沉积萤石进行再溶滤、搬运、重新沉淀结晶的结果,因此硅化不像交代(充填)型矿床那样显著。

六、成矿地质历史演化轨迹及区域成矿模式

吉林省萤石矿主要历经滨太平洋构造域发展阶段,历经多期、多阶段的陆相火山活动。由于中生代滨太平洋构造域发展阶段燕山期构造岩浆活动十分强烈,成矿作用主要受北东向及北西向断裂控制,形成了岩浆热液型和火山热液型萤石矿床。吉林省萤石矿在成因上与控矿的基本构造因素是区域性深大断裂及其派生的壳型断裂或区域性断裂。

区域成矿模式:燕山早期含氟岩浆热液沿深大断裂上侵,在岩浆热液和地表水环流作用下,使围岩中矿物质活化,形成含矿岩浆,并在在层间破碎带及裂隙薄弱处充填。泥质岩与石灰岩的层间破碎带构造构成良好的封闭空间,使含矿气水溶液不易散失,气液中成矿物质 F^- 与围岩中成矿物质 Ca^{2+} 得以充分作用,从而形成萤石矿体。

第二节 成矿区(带)划分

根据吉林省萤石矿的控矿因素、成矿规律、空间分布,再在参考全国成矿区(带)划分(陈毓川等,2010)、吉林省综合成矿区带划分的基础上,对吉林省萤石矿单矿种成矿区(带)进行了详细的划分,见表9-2-1。

表 9-2-1　吉林省萤石矿成矿区(带)划分表

Ⅰ	板块	Ⅱ	Ⅲ	成矿亚带	Ⅳ	V	代表性矿床(点)
Ⅰ-4滨太平洋成矿域	吉黑板块	Ⅱ-13吉黑成矿省	Ⅲ-55吉中-延边(活动陆缘)钼-金-砷-铜-锌-铁-镍成矿带	Ⅲ-55-①吉中钼、银、砷-金-铁-镍-铜-锌-钨成矿亚带	Ⅳ$_3$兰家-八台岭金-铁-铜-银成矿带	V$_5$八台岭金-银找矿远景区	牛头山萤石矿
						V$_6$上河湾金-铜-铁矿找矿远景区	
					Ⅳ$_5$山河-榆木桥子金-银-钼-铜-铁-铅-锌成矿带	V$_9$头道-吉昌金-铁-银找矿远景区	南梨树萤石矿
						V$_{10}$石咀-官马金-铁-铜找矿远景区	
						V$_{13}$大绥河铜-铁找矿远景区	金家屯萤石矿

第三节　区域萤石矿成矿规律图编制

通过对萤石矿的成矿规律研究,从典型矿床到预测工作区成矿要素再到预测要素的归纳总结,编制了《吉林省萤石矿区域成矿规律图》。

《吉林省萤石矿区域成矿规律图》中反映了萤石矿矿床中共生矿种的规模、类型、成矿时代;成矿区带界线及区带名称、编号、级别;与萤石矿主要和重要类型矿床勘查和预测有关的综合信息;主要矿化蚀变标志;突出显示矿床和远景区及级别。

具体编图步骤如下。

(1)吉林省区域成矿规律图选择比例尺 1∶50万。

(2)底图的选择采用综合地质构造图。

(3)矿床的表示。矿种、规模(中型、小型、矿点)、类型、时代、共生、伴生有益元素、矿床编号等。

(4)有关的物探、化探、自然重砂异常资料。根据具体情况决定表达的内容和方式,原则是既要体现成矿规律,又要便于成矿预测。

(5)划分成矿区带及成矿密集区。Ⅰ～Ⅲ级成矿区带的划分由项目成矿规律综合组负责完成,前期工作参照已有的 90 个Ⅲ级成矿区带的划分方案(徐志刚等,2008)。成矿密集区(简称矿集区)与成矿区带的划分,成矿区带强调总体成矿特征和成矿条件,矿集区强调矿产资源本身的分布特征,矿集区的级别接近于Ⅳ级成矿带,对应于V级,分布面积在 300～800km^2 之间,各矿集区存在已知矿床,并根据矿床的规模、数量、密集程度对矿集区进行"分类"。在全省成矿规律图上划分到V级矿集区。

(6)提交与成矿规律图上表示的矿产地相对应的数据库表格及说明书,图面上仅中型、小型矿床,没有大型以上的矿床。

根据以上内容编制成矿规律图。图件编制表达形式、图例等需按技术要求统一规定进行。成矿规律图附有吉林省、区编号的矿床成矿系列表和矿床统一编号表。此外,还编制地球物理、地球化学异常分布及遥感解译图层;成矿远景区、找矿靶区预测图层。

在上述图件及图层基础上,按预测子项目技术要求编制省成矿预测图及矿产勘查部署建议图。

第十章 结 论

一、主要成果

(1) 较系统地收集了吉林省萤石矿的地质资料,为萤石矿成矿规律研究和矿产预测提供了基础。

(2) 将吉林省萤石矿划分为热液充填交代型和火山热液型两个矿床成因类型,确定 3 个矿产预测类型,圈定了 3 个预测工作区。

(3) 研究了金家屯、牛头山和南梨树 3 个典型矿床,完成了相关图件编制,总结了成矿特征、成矿要素和预测要素,建立了典型矿床成矿模式、预测模型。

(4) 开展了一拉溪、其塔木、明城 3 个预测工作区研究工作,完成了相关图件编制,总结了成矿规律,归纳了区域成矿要素和预测要素,建立了区域成矿模式图和预测模型。

(5) 依据《全国重要矿产总量技术要求》(2007 年版)及《预测资源量估算技术要求》(2010 年补充版),用地质体积法估算出吉林省萤石矿 500m 以浅 334-1 资源量。

(6) 开展了吉林省萤石矿成矿规律和勘查工作部署研究,提出未来矿产开发规划的建议。

二、存在问题及建议

建议将来在开展此项工作时,要调整技术流程。开展萤石矿的预测工作,首先,应该在 1∶25 万或 1∶20 万建造构造图的基础上,叠加 1∶20 万物探、化探异常,再在此基础上圈定 1∶25 万或 1∶20 万尺度的预测区;其次,在 1∶25 万或 1∶20 万尺度预测区的范围内编制 1∶5 万构造建造图,叠加 1∶5 万物探化探异常,得到 1∶5 万最小预测区,开展资源储量预测;最后,在 1∶5 万最小预测区的基础上亦可开展更大比例尺的资源预测。

主要参考文献

曹俊臣,1987.中国萤石矿床分类及其成矿规律[J].地质与勘探,12-17.
陈毓川,王登红,等,2010.重要矿产和区域成矿规律研究技术要求[M].北京:地质出版社.
陈毓川,王登红,等,2010.重要矿产预测类型划分方案[M].北京:地质出版社.
陈毓川,1999.中国主要成矿区带矿产资源远景评价[M].北京:地质出版社.
范正国,黄旭钊,熊胜青,等,2010.磁测资料应用技术要求[M].北京:地质出版社.
吉林省地质矿产局,1989.吉林省区域地质志[M].北京:地质出版社.
贾汝颖,1988.吉林省的矿产资源[J].吉林地质(2):36-45.
李春昱,汤耀庆,1983.古亚洲板块划分以及有关问题[J].地质学报,57(1):1-9.
彭玉鲸,王友勤,刘国良,等,1982.吉林省及东北部邻区的三叠系[J].吉林地质(3):1-19.
彭玉鲸,翟玉春,张鹤鹤,2009.吉林省晚印支期—燕山期成矿事件年谱的拟建及特征[J].吉林地质,28(3):1-14.
彭玉鲸,苏养正,1997.吉林中部地区地质构造特征[J].沈阳地质矿产研究所所刊(5-6):335-376.
钱大都,1996.中国矿床发现史(吉林卷)[M].北京:地质出版社.
施俊法,唐金荣,周平,等,2010.世界找矿模型与矿产勘查[M].北京:地质出版社.
向运川,任天祥,牟绪赞,等,2010.化探资料应用技术要求[M].北京:地质出版社.
熊先孝,薛天兴,商朋强,等,2010.重要化工矿产资源潜力评价技术要求[M].北京:地质出版社.
徐志刚,陈毓川,王登红,等,2008.中国成矿区带划分方案[M].北京:地质出版社.
叶天竺,姚连兴,董南庭,1984.吉林省地质矿产局普查找矿总结及今后工作方向[J].吉林地质(3):74-78.
于学政,曾朝铭,燕云鹏,等,2010.遥感资料应用技术要求[M].北京:地质出版社.
翟裕生,1999.区域成矿学[M].北京:地质出版社.

内部资料

封文友,1993.吉林省永吉县金家屯萤石矿详查地质报告[R].长春:吉林省地质局第一地质调查所.
苏洪举,等,1994.吉林省磐石县明城镇南梨树萤石矿床Ⅰ号矿带详查地质报告[R].长春:吉林省第二地质调查所.
王宏光,等,1987.吉林省区域矿产总结报告[R].长春:吉林省地质矿产局区域地质调查所.
养东鸿,1961.吉林省九台县牛头山萤石矿勘探最终报告[R].长春:吉林省九台县工业局地质队.